羊肚菌

绿色高优栽培新技术

主　编

杨千登　林冬梨

参　编

游年雨　施辛锜　杨居美　杨居松

程　敬　郑书市　游正鸽

海峡出版发行集团｜福建科学技术出版社

THE STRAITS PUBLISHING & DISTRIBUTING GROUP | FUJIAN SCIENCE & TECHNOLOGY PUBLISHING HOUSE

图书在版编目（CIP）数据

羊肚菌绿色高优栽培新技术 / 杨千登，林冬梨主编. —福州：福建科学技术出版社，2019.1（2023.2重印）

ISBN 978-7-5335-5723-2

Ⅰ. ①羊… Ⅱ. ①杨… ②林… Ⅲ. ①羊肚菌－蔬菜园艺 Ⅳ. ①S646.7

中国版本图书馆CIP数据核字（2018）第243502号

书　　名	羊肚菌绿色高优栽培新技术
主　　编	杨千登　林冬梨
出版发行	福建科学技术出版社
社　　址	福州市东水路76号（邮编350001）
网　　址	www.fjstp.com
经　　销	福建新华发行（集团）有限责任公司
印　　刷	福州万紫千红印刷有限公司
开　　本	889毫米×1194毫米　1/32
印　　张	6
插　　页	4
字　　数	128千字
版　　次	2019年1月第1版
印　　次	2023年2月第7次印刷
书　　号	ISBN 978-7-5335-5723-2
定　　价	18.00元

前 言

羊肚菌为世界性的一种珍稀食用菌，在国内是脍炙人口的名贵山珍，历史上曾被列为“皇家贡品”，现成为广大民众养生保健一品美食。130 多年来，羊肚菌依靠天然采集，物稀价昂，因此成为全球食用菌爱好者热衷驯化栽培的亮点品种，直至 20 世纪 80 年代，才有美国在室内栽培成功的报道。我国羊肚菌驯化栽培研究始于 20 世纪 80 年代，21 世纪初川渝地区首创大田栽培新技术，广被采纳应用，发展神速。

在我国川渝地区，羊肚菌人工驯化栽培处于深入探索、不断取得新突破时期。作者置身于西南科技大学羊肚菌生产示范基地，在贺新生教授的指导下具体从事菌种选育试验对比，直至大面积栽培全过程的操作。在这个时段，作者还先后深入绵阳、广元、金堂等羊肚菌产地，与栽培者交流切磋，共同总结成功经验和剖析失败原因，从中获得许多知识和关键技术。

作者以菌为业以来，一直追求和热衷于创新探索和技术普及工作。本着对羊肚菌这一产业开发的情怀，为了让广大菇农更好地了解羊肚菌特性和人工栽培应采取的技术措施，作者广泛收集整理有关羊肚菌制种和栽培技术资料，结合自身多年来的实践体会，根据新时代对菌业的新要求进行系统整理，编成这本《羊肚菌绿色高优栽培新技术》小册子。为广大食用菌栽培者提供一些有益的参考，更好地发展羊肚菌生产，加速实现小康，这是作者最大的心愿。

本书在编写过程中引用了同行专家的资料和生产经验，他们对羊肚菌产业的发展做出了巨大贡献，在此表示崇高的敬意！写作中同时得到西南科技大学贺新生教授和王茂辉老师，以及他们带领的研究生团队的支持；我国著名食用菌专家丁湖广高级农艺师，为全书审阅把关，在此一并致谢！由于作者水平有限，时间仓促，书中纰漏之处，敬请专家、读者不吝赐教。

杨千登

2018 年 7 月

作者：杨千登，现为福建万登羊肚菌技术开发有限公司董事长、总经理。出生于有“中国食用菌之都”之称的福建省古田县，自幼受父老乡亲生产食用菌的熏陶，对菇情有独钟，20 世纪 80 年代即投身于香菇、银耳袋料栽培新技术研发，从外地引进香菇新菌株 241-4，反复试验终获成功，很快得到推广应用；在出生地——海拔千米的吉巷乡塔洋村，试验研究反季节栽培银耳新技术，获得成功，推广应用收效良好，得到政府有关部门的重视。1993 年 6 月，被评为农技师职称；1998 年，荣获共青团古田县委、县食用菌办、《古田报》三家联合授予的“十佳青年菌业明星”。作者应邀前往政和县澄源乡开发冬闲田栽培香菇新技术，获得成功，并被多家新闻媒体专题报道。2015 年，应邀赴海南岛利用橡胶树林下栽培竹荪等食用菌，获得大面积丰收，《海南商报》以《橡胶林中种食用菌，塔丰明天会更好》为题，整版图文报道；海南社科联会同有关部门把它列入“脱贫攻坚、海南行动”项目推广实施。

目　录

第一章
羊肚菌经济价值与开发进展

一、羊肚菌经济价值

1. 历史上列为宫廷贡品

羊肚菌因其形态酷似羊肚而得名，是国际上公认的名贵珍稀食用菌。其肉质脆嫩，清香可口，风味独特，味道鲜美，有“陆地鱼”的美称，历来列为皇家御膳、宫廷贡品，久负盛名。在甘肃藏族地区民间俗称羊肚菌为“谷谷哈木”，也叫“狼肚菜”。史料记载原卓尼县辖属上下14旗，每年给“土司”进贡狼肚菜。羊肚菌现为国宴名菜，欧美一些发达国家认为羊肚菌是人体的高级滋补品。羊肚菌在我国食用很早，明人潘之恒《广菌谱》，清朝袁枚《随园食单》和薛宝长《素食说略》中均有记载。羊肚菌的营养价值和药用功能，一直是国内外食品和医药科学家最为兴趣的研究课题之一，亦不断深化认识与应用验证。

2. 营养成分丰富

羊肚菌子实体和菌丝体均含有丰富的营养成分，包括蛋白质、脂肪、碳水化合物、粗纤维、核黄素、烟酸、叶酸等多种成分。据孙晓明（2001）对产于云南的野生羊肚菌营养成分进行测定，其粗蛋白28.4%、粗脂肪3.63%、灰分5.51%。羊肚菌的粗脂肪由4种脂肪酸组成，其中亚油酸占 56.0%、油酸占 28.41%、硬脂酸占 2.02%、软脂酸占 13.54%。亚油酸具有重要的药用价值。此外还含有麦角甾醇和 5，7-二烯麦角甾醇等。羊肚菌的蛋白质含量高于香菇、木耳等常用的食用菌，比牛奶、肉类和鱼粉都高，是一种高营养、低热量的高级营养品。

羊肚菌含有 18 种氨基酸，特别是 8 种人体必需氨基酸，占总量 47.47%。采自云南大理野生羊肚菌的各种氨基酸含量见表 1-1。

表 1-1　羊肚菌氨基酸含量　　克/100 克

氨基酸种类	含量	氨基酸种类	含量
天冬氨酸	2.42	蛋氨酸	0.33
苏氨酸	1.39	异亮氨酸	3.45
丝氨酸	1.30	酪氨酸	0.72
谷氨酸	3.01	苯丙氨酸	0.90
脯氨酸	1.20	赖氨酸	1.16
甘氨酸	1.35	色氨酸	0.57
丙氨酸	1.60	组氨酸	0.50
胱氨酸	0.35	精氨酸	1.14
颉氨酸	1.18	亮氨酸	3.10

羊肚菌所含氨基酸，如顺-3-氨基-L-脯氨酸、α-氨基异丁酸、2，4-二氨基异丁酸，是其风味独特奇鲜的主要原因。据报道羊肚菌含有多糖、酶类、吡喃酮抗生素等多种成分。宋淑敏报道，羊肚菌经生物发酵，获得的 EF-11 多糖体，其主键为由（1-3）连接的半乳糖残基成分的多分支结构的杂多糖。该研究从羊肚菌中发现一种植物抗菌剂——吡喃酮抗生素等活性成分。

羊肚菌多糖种类多，从子实体中分离纯化出 6 种多糖，其中 MEP-SP_{I} 多糖由木糖、葡萄糖、阿拉伯糖和半乳糖残基为重复单元组成的杂多糖，四者摩尔比 29∶24∶61∶39。从羊肚菌中还分离出谷氨酰转肽酶、羧甲基纤维酶、微晶纤维酶、β-葡萄苷酶。

人体必需的大量元素和微量元素，在羊肚菌中的含量都很高，大量元素的钾、磷、钙、镁，微量元素的铁、锰、锌等。微量元素是人体生理代谢酶的主要组成成分或酶的活化剂。铁是成血元素，锌有促进大脑正常发育的作用（人脑中含量最高的微量元素是锌），因而它具有较高的营养价值和保健价值。羊肚菌矿质元素含量见表 1-2。

表 1-2　羊肚菌矿质元素含量　　微克/100 克

元素名称	含量	元素名称	含量	元素名称	含量
铬（Cr）	3.32	钙（Ca）	1700.00	铁（Fe）	1200.00
钾（K）	17.30	铜（Cu）	31.90	镁（Mg）	1000.00
钠（Na）	615.00	磷（P）	8150.00	锰（Mn）	126.00
硅（Si）	196.00				
锌（Zn）	109.00				

3. 医疗保健上功效

羊肚菌的药用功能在我国《本草纲目》中早有记载：具有补肾、补脑、润胃健脾、化痰理气等功效。中医认为羊肚菌性平、味甘，具有健胃补脾、助消化、理气化痰等功效。主要用于治疗脾虚滑泻、气虚痰多、消化不良、体虚等疾病。现代医学研究表明，羊肚菌有降血脂、调节机体免疫力、抗疲劳、保肝、抗病毒、抑制肿瘤、减轻放化疗引起的毒副作用等功效。在民间常用羊肚菌来治疗消化不良、痰多气短。用法简便，取羊肚菌 63 克，煮食喝汤，日服2次（《中国药用真菌》，1974）。在甘南地区的藏民常用羊肚菌3枚煮汤喝，治妇女乳腺炎（顾云龙，1983）。据四川省中医药科学院和四川大学生命科学学院等科研部门报道（2009），羊肚菌有以下几方面药用功效。

（1）调节人体免疫力抗疲劳功效

孙晓明等观察DNFB诱导小鼠迟发型变态反应、血清溶血素测定（血凝法）、小鼠腹腔巨噬细胞吞噬鸡红细胞实验。结果表明，羊肚菌粉在150毫克以上剂量使用时，可促进小鼠细胞免疫功能，提高其体液免疫能力，促进小鼠体内抗体的产生，能明显增强小鼠腹腔巨噬细胞吞噬功能，是一种比较有效的免疫调节剂。

（2）保肝功效

采用CCl_4法进行肝损伤造模，测定灌饲了羊肚菌胞内多糖的小鼠的血清谷丙转氨酶、谷草转氨酶和肝脏指数的变化。同时检测肝匀浆中超氧化物歧化酶（SOD）和丙二醛（MDA）含量。结果表明，羊肚菌胞内多糖能明显降低血清中的谷丙转氨酶、谷草转氨酶活性，降低肝脏中MDA的含量和肝脏指数，提高SOD活性，并能显著减轻CCl_4引起的肝小叶内的灶性坏死。这充分证明羊肚菌胞内多糖对小鼠肝脏的损伤有明显的修复作用。

（3）加强小肠推进和促进排空功效

以正常小鼠、新斯的明负荷小鼠、肾上腺素负荷小鼠为实验研究模型。采用炭末小肠推进试验法，研究羊肚菌加强小肠推进和促进排空的功效。研究表明，羊肚菌提取液可显著促进正常小鼠的胃肠运动，且呈现很好的量效关系；羊肚菌提取液对新斯的明负荷小鼠引起的胃肠推进亢进有显著的颉颃作用；对肾上腺素负荷引起的胃肠推进抑制，没有明显影响，羊肚菌提取液有加强小鼠小肠运动的功效。

（4）抗肿瘤功效

用羊肚菌液体发酵制品灌胃小鼠，结果表明羊肚菌发酵液能抑制小鼠肉瘤 S-180，可直接刺激小鼠脾淋巴细胞增殖，同时又可协同增加小鼠 T 淋巴细胞转化，具有明显的抗肿瘤效果。采用羊肚菌营养液经超过滤处理后的高分子多糖液，对小鼠肉瘤 S-180 进行生长抑制试验，对肉瘤抑制率为 31.7%，说明羊肚菌多糖能明显抑制肉瘤活性。

（5）保肾功效

用顺铂和庆大霉素致小鼠肾毒性，研究羊肚菌菌丝水-乙醇提取液，对其肾的保护作用。结果表明，羊肚菌菌丝水-乙醇提取液，在 250 毫克和 500 毫克剂量时，能显著降低小鼠血清尿素和肌酐含量，对肾毒性具有预防性保护的作用。

现代科研部门对羊肚菌的功效成分进行了分析，结果见表 1-3。

表 1-3　羊肚菌主要功效成分分析

主要功效成分	生物活性	评价方法
总酚	抗氧化	DPPH 清除率
蛋白提取液	延缓衰老	羟基自由基清除率
菌丝提取液	抗胃溃疡、保护胃黏膜	胃酸抑制率
菌丝提取液	保护肾脏	血清尿素和肌酐含量
菌丝提取液	降血脂、抗血栓	血小板凝聚抑制剂
菌丝提取液	抗病毒	埃希大肠杆菌
菌丝提取液	抗病毒	马铃薯芽孢杆菌
菌丝提取液	抗病毒	枯草芽孢杆菌
羊肚菌多糖	抗肿瘤免疫调节	小白鼠瘤 S-180

录自《食用菌市场》2017 年 10 期顾可飞等资料。

二、羊肚菌人工栽培技术研发

羊肚菌具有较丰富的营养成分，又有神奇的药用功效，所以一直被视为大自然赐给人间的一种可食可药的珍贵菇品，受到美食家和医药科学家的推崇。但其长期以来依赖天然野生采集，从全国各地来看产量最大的是云南和四川，每年收购干品仅100多吨，占了全国总产量50%；其次是陕西、甘肃。

货源短缺，物稀价昂，因此羊肚菌的驯化栽培，一直是全球菇菌爱好者热衷追求的目标。

1. 国外研究突破

早在100多年前，英、美、法、德等国家，对羊肚菌野生引种进行探索。据记载法国是最早进行人工驯化栽培的国家，至今有130多年的历史。到1982年美国旧金山州立大学生物系的Ron Ower，首次在《真菌学报》杂志发表羊肚菌人工栽培成功的报告，先后获得羊肚菌栽培的两个专利。按照Ron Ower的介绍，把栽培裸盖伞类（*Psijcybe* spp.）的经验和实验室的偶然结合，才取得成功。其关键是提供一种非营养性的覆土层，促进小菌核的形成；然后通过淋水刺激，再使子实体出现。这是一个过去认为不现实的创举。羊肚菌人工商业性生产已成为开发商的注视目标，据《商务资讯》报道，2005年美国密歇根州DNP公司羊肚菌人工栽培获成功。其方法是采用木屑和发酵的树叶为原料，在菇房内培育出羊肚菌，从播种到出菇采收需要70天时间，DNP公司也成为美国中西部地区最大的羊肚菌生产地和供应商。据报道 DNP 公司实现羊肚菌工厂化栽培，但后来由于某种原因又停产了。因此，到目前为止国外羊肚菌人工栽培仍未有大规模商业性生产的报道。

2. 国内研究进展

我国羊肚菌研究也有很长的历史，20 世纪 50 年代华中农业大学杨新美教授着手研究，并发表了羊肚菌半人工栽培技术及相关基础理论，为羊肚菌开发吹响了进攻号。首都师范大学生命科学学院丁翠、崔晋龙等（2008）深入研究羊肚菌菌核及营养型。试验证明羊肚菌可能兼有腐生型和腐根型两种营养方式，而先前一直认为羊肚菌营养方式是腐生型。从 20 世纪 80 年代开始，我国科研人员历经 30 多年时间，先后涉足羊肚菌的人工栽培驯化研究。早期的栽培研究基本上沿袭仿生栽培思维，模拟羊肚菌的自然生境进行出菇试验，较少有稳定的产出，更少有大面积的推广应用。

四川省绵阳市食用菌研究所所长、高级工程师朱斗锡，经过多年研究，取得羊肚菌人工栽培的新进展，1994 年 4 月获得国家金奖，并向社会推广 405 号羊肚菌新菌株，2000 年 3 月获国家发明专利。2007 年基本上攻破羊肚菌大田栽培的关键技术，栽培面积发展到 3.3 万多米^2（50 亩地左右），亩产鲜羊肚菌 50～150 千克。吉林省蛟河市长白山真菌研究所所长、吉林农业大学客座研究员王绍余和丛桂芹夫妇，2009 年从长白山余脉沙河堂西北 3 千米，海拔 650 米的阔叶林地上采到优良品种黑脉羊肚菌，进行人工驯化栽培试验，在培养基适应性的选择、栽培生态条件和人为造成微生物环境等方面，进行不同方式的试验研究，取得很好进展。李树森等（2009）报道：陕西理工学院生物科学与工程学院在秦巴山区进行人工栽培试验，林下山间谷地栽 6 米^2，长出子实体 30 多朵，在林缘边绿坡地栽 6 米^2，长子实体 22 朵，总重量 655.6 克。在 2000 年之前，云南省人工栽培最大规模曾有 500 亩左右，但由于菌材的大量消耗与环境保护相悖，且技术要求高，生产周期长，因此推广有一定的局限性。

3. 大田栽培重大成就

四川是我国羊肚菌大田栽培最早尝试的地区，四川农科院、西南科技大学、四川林科院和绵阳食用菌研究所等科研人员，对羊肚菌人工大田栽培进行过大量的理论与实践的研究，1992 年首次成功。经历 20 多年的不断研究探索，于 2012 年开始对外推广羊肚菌大田栽培新技术。作者置身西南科技大学羊肚菌大田栽培示范基地具体工作。

四川羊肚菌大田栽培取得成功主要有两个突破：一是选对菌株。科研人员历经 12 年时间，先后开展 200 多株共 11 个种的羊肚菌菌株试验栽培和筛选工作，终于选出适于大田商业性栽培的菌株，为产业发展提供了基础条件。二是外源营养袋技术创新应用，包括营养袋培养料配方、使用方法和应用方式。生产实践表明，没有营养袋的作用，羊肚菌出菇不稳定，子实体畸形，产量低。这是大田栽培羊肚菌成功的一个极为重要的核心技术，也是四川科研人员在羊肚菌发展史上的最大贡献！

三、羊肚菌产区分布与前景展望

1. 生产规模与产区分布

据《食用菌市场》2017 年 3 期谈梦娇报道：我国羊肚

菌人工栽培自1992年取得实验栽培成功，在四川、云南等西南地区小范围种植。之后经过多年的不断摸索与调整，商业化、规模化栽培技术日臻成熟，并于2011年前后开始向周边地区大面积扩散。目前，我国四川、云南、湖北、湖南、山西、陕西、河南、河北、江苏、山东、安徽、新疆等地都有栽培羊肚菌的产区。四川保兴现代农业公司、湖北松滋鑫东农业公司、河南九龙农业科技股份公司等，是目前国内栽培规模较大、较具代表性的羊肚菌基地。

据不完全统计，2011年我国羊肚菌栽培面积为1000亩左右，2012年为3000亩左右，2013年达到4500亩，2014年超过6000亩，2015年接近15000亩，2016年全国羊肚菌人工栽培面积达到34945亩。据《食药用菌》（2018年第3期）赵永昌报道2017～2018年度我国羊肚菌栽培面积突破7万亩，创历史新高。

我国羊肚菌现有产区分布情况见表1-4。

表1-4　2016年我国羊肚菌人工栽培种植面积及分布区域

序号	省份	栽培面积(亩)	主要分布区域
1	四川	15780	成都平原、三州地区、秦巴山区
2	湖北	6590	松滋、恩施、随州、宜昌、钟祥
3	贵州	2240	毕节、遵义、黔西南
4	河南	2080	三门峡、西峡、驻马店
5	云南	1900	华坪、楚雄、南华、大姚
6	福建	1655	宁德、三明
7	陕西	1400	宁强、榆林、宁陕、西乡、略阳、商南
8	山西	1200	宁武、岢岚、临汾
9	重庆	560	黔江、潼南、奉节、彭水
10	河北	400	承德、唐山

续表

序号	省份	栽培面积(亩)	主要分布区域
11	甘肃	350	两当、康县、定西
12	湖南	210	郴州、溆浦、怀化
13	江苏	200	沛县、睢宁、丰县
14	浙江	120	杭州、天台、临安、淳安
15	北京	80	房山、顺义
16	辽宁	60	抚顺、丹东、北镇
17	新疆	50	昭苏、尼勒克
18	江西	35	宜黄、余江
19	青海	20	西宁
20	广西	10	南宁
21	内蒙古	5	赤峰
合计	21	34945	61 个产区

引自《食用菌市场》2017 年精华本。

2. 产业优势与前景展望

我国羊肚菌产业近年来发展较快，人工栽培技术突破，给栽培者带来高额经济效益。许多开发商和生产者将目光聚集在这一产业。尤其是一些地方政府立足发展乡村经济，把发展羊肚菌列为短平快精准扶贫项目，加大投入重点扶持。湖北省松滋市有 36 个省级重点贫困村、25 个市级贫困村，近两年大力发展羊肚菌栽培生产，已建成生产基地 17 个，栽培羊肚菌 5000 亩，2016 年通过发展羊肚菌产业，当地农民收益 340 多万元，其中 25 户贫困户当年增收 44 万元，2017 年羊肚菌产业使当地 100 户以上的贫困户实现脱贫。

羊肚菌产业具有成本低、见效快、效益高的优势，据《食用菌市场》2017年精华本中《2016年全国羊肚菌产业发展情况调研报告》介绍：目前人工栽培每亩成本5000～8000元，主要是土地、大棚遮阳网等基础设施，菌种和营养辅料以及生产管埋和采收人工费用等。以每亩产量150千克，单价150元平均值计算，亩产值可达2.25万元以上，投入与产出比1∶(3～4)。四川省甘孜州地区示范点创造了亩产254千克全国单产最高新纪录，按市场单价150元计算，亩产值达3.81万元。由于整个生产季节基本属于农闲时节，劳动力成本相对较低，因此，成为农民短平快脱贫致富的一个新的增长点。在四川农村流传一首歌谣："地里挖个洞，播上一点种，一二三四五，钞票就到手。"其含意是栽培羊肚菌方法简单，见效快。河南卢氏县九龙实业公司，2015年2月在三门峡陕州区东凡村流转土地650亩，投资3000万元，建立羊肚菌栽培研发基地，3500米^{2}智能大棚用于栽培羊肚菌，已带动周边3000多户农民发展羊肚菌生产，户均增收约2万元，2016年10月被中国科技部授予国家级"九龙羊肚菌星创基地"。

羊肚菌产业整体前景还是比较广阔。因为羊肚菌具有极高的营养价值，有着较大的市场需求空间。但受到消费能力的影响，国内消费市场主要还是集中于高档酒楼或星级宾馆等餐饮单位。随着我国城镇居民生活水平的不断提升，以及健康消费理念的不断普及，羊肚菌的营养价值和药用保健价值将进一步被市场认可，国内消费市场蕴藏着巨大潜力。

羊肚菌不仅用于食品，在药品、保健品、饮料、化妆品等方面都有广泛应用的开发前景。目前市场上销售的主要为鲜品，占整个销售市场的90％以上。近年来，欧美市场对羊肚菌需求量大增，进口我国羊肚菌，其用途除了餐桌消费外，一部分则用于开发高端精深加工产品，包括保健品、营养液、美容产品等，这些高端产品的价格，为普通餐桌消费的好几倍甚至数十倍。羊肚菌精深加工市场前景广阔，未来要实现羊肚菌的产业升级，精深加工必不可少。我国羊肚菌产量每年不断增加，国内外市场对于羊肚菌高端产品有很大的消费需求，提高羊肚菌产品的科技含量、开发多元化产品、延长产业链，是我国羊肚菌发展的必由之路。

3. 市场状况与产品流通

（1）市场状况

长期以来靠采集天然野生羊肚菌上市，“物稀价昂”，20 世纪 80 年代以来，价格一路攀升。据报道（2010），最高时每千克干品 2000～3000 元人民币，而且产品供不应求，特别在西欧国家价格更加昂贵。美国密歇根州西部春季市场上新鲜羊肚菌每 3.5 盎司包装，售价为 12.99 美元；在印度售价一般每千克 6000～8000 卢比，最高时每千克 11000 卢比。中国羊肚菌出口欧美及东南亚 10 多个国家（地区）。据《食药用菌》（2018 年 3 期）孙建华报道：2017 年羊肚菌出口 35581 千克，创汇 5774843 美元。其中法国 20206 千克，瑞士 11497 千克，中国香港 3060 千克，德国 324 千克，波黑 270 千克，美国 90 千克，澳大利亚 72 千克，新加坡 50 千克，还有日本、马来西亚。

在国内市场一方面是广大民众对羊肚菌不尽相识，而且也买不到、吃不起。据中国食用菌商务网报价点数据反馈：2016 年羊肚菌干品市场价格总体表现平稳，全年平均价格在 945 元/千克，年初最高价位 1100 元/千克。羊肚菌鲜品最高时 150 元/千克，到旺产期大量上市，交易价最低时能压到低于 50 元/千克，浮动空间较大。在“中国食用菌之都”福建古田县，2017 年至 2018 年春产地交易价鲜品 70～80 元/千克。据《食用菌市场》杂志 2018 年 5 期报道：湖北武汉菇品交易市场羊肚菌干品 800～1000 元/千克.

（2）产品流通渠道

目前我国羊肚菌产地交易市场和营销队伍建设，相对而言比较滞后。现有产地采收后的鲜品，一小部分流入农贸市场销售，主产区专业经营商设点收购，包装分流到各都市；或是收购鲜菇清理包装后，派送到酒楼、饭店、宾馆等餐饮企业；或是出口欧美一些国家和地区。目前羊肚菌干品已被中国海关单独编码，这意味着为羊肚菌出口企业降低了报关、报检的商品识别复杂程度，有助于企业通过明确的报关单信息和统计数据办理退税，向地方政府申请产业支持补贴等事项，这就有助于羊肚菌产品随着“一带一路”走向世界，为其迎来了难得的发展机遇，毕竟羊肚菌在国外市场有很大的消费群体，市场需求也必将更加广阔。

四、潜藏风险与规避谋略

羊肚菌产业发展也有一定风险性。2017 年 3 月 10 日，在湖北松滋市举办了“中国羊肚菌生产大会”，有关部门负责人发表了羊肚菌产业发展情况调查报告，在肯定我国羊肚菌产业发展进程、发展现状与前景的同时也揭示了发展中存在问题。综合有关专家分析，当前羊肚菌产业发展中潜藏着以下 3 方面风险。栽培者应当面对现实，寻求规避方法，尽量避免或降低风险受害率。

1. 自然气候风险

当前羊肚菌栽培存在稳定性不高、栽培技术混乱、生产管理水平差异、缺乏对极端气候条件应对措施等问题，尤其对低温、高温、雪灾和风灾等自然灾害的应对力比较差。2016 年 1 月上旬，国内许多主产区的羊肚菌陆续大面积出菇，到中旬寒流席卷，春节后再次爆发寒流，两次寒流使大部分地区羊肚菌损失 1～2 次菇潮的产量；寒流结束后 2 月中下旬开始，为期近 1 个月时间的干旱，使许多产地羊肚菌菌丝受到挫伤，导致部分栽培户损失严重。

防控自然气候风险，首先要准确地安排播种期和产品采收期。我国地理复杂，自然气候差异较大。因此必须因地制宜按照当地海拔高低，参考近 3 年气象状况，准确地选定播种和出菇最佳时段，避开低温或高温时段出菇。其次，多关注当地气象台发布的近期气象信息，特别是暴风雨来临前，切实做好防御工作，避免受害。

2. 菌种质量欠佳风险

羊肚菌是子囊菌，遗传性不稳定，较易发生变异，如果多次扩大繁殖的菌种，不经严格的产菇测评，直接用于大面积栽培，就有可能导致出菇率降低，甚至绝收。2017 年南方某县大面积发展大田栽培羊肚菌，一部分栽培户在产菇期久久不长菇，导致失败。究其原因，主要是菌种质量有问题。这也成为目前发展羊肚菌产业中的一个比较明显的风险。

避免因菌种带来风险，关键在于制种单位树立社会责任感，严格执行菌种生产技术规范；遵守职业道德。栽培者也应增强防范意识，特别注意“购种需知”，请详细阅读本书第五章“三、当家品种选择”。

3. 市场价格波动风险

近年来羊肚菌产品价格高昂，高效益的诱惑也促使产业加速发展。目前羊肚菌的知名度和接受度还是较高。但从整个流通环节分析，现有产销对接渠道不畅，产品经销环节，主要被几个经销商所垄断。栽培者缺乏定价权和议价权，导致价格不稳定，旺产季节产品蜂拥上市，价格下落到什么价位难以预测，因此市场问题也潜藏着一个风险。

流通决定生产，这是社会主义市场经济发展规律。价格波动是商品市场必然性，但也是可以人为降低风险率。比如收成高峰期，产品蜂涌入市，价格必降，当降到低谷时期，我们可以不卖鲜菇，通过烘烤加工成干品，贮藏。待产季过后，菇价自然回升。或者能够通过栽培户抱团直接与都市批发商连锁，产销直通，避开中间收购商压价。

以上阐述的潜藏产业发展中的“三大”风险及规避谋略，目的是让羊肚菌生产者在产业发展中要有风险意识和应对风险的心理准备，这样才能稳打稳干，保证羊肚菌生产健康有序发展。

第二章
羊肚菌生物学特性及生理生态条件

一、羊肚菌学名与分类

学名：*Morchella esculenta*（L.）Pers.

别名：美味羊肚蘑、羊肚菜、蜂窝蘑、阳雀菌、编笠菌、包谷菌、谷谷哈木（甘肃藏族）、狼肚菜。

英文名：yellow morel，honeyeomb morel

分类地位：隶属于子囊菌亚门（Ascomycotina）盘菌纲（Discomycetes）盘菌目（Peziales）羊肚菌科（Morchella ceae）。

二、羊肚菌生活史

羊肚菌的生活史，即从孢子到孢子的发育全过程，包括有性生殖、无性生殖、菌核形成。子实体或子囊果的产生是羊肚菌有性生殖周期成熟的表现，含子囊孢子的成熟子囊果是生活周期的终极。其显著特征是两个单倍体核配对后形成双倍体核，再经减数分裂形成新的单倍体子囊孢子，孢子萌发形成菌丝。子囊孢子萌发很快，菌丝长的速度很快，可以在短时间内蔓延一大片。无性繁殖是由菌丝形成孢子囊梗，在顶端发育子囊，囊内产出分生孢子。当孢子囊成熟，散出分生孢子，遇到适宜环境又萌发产生单倍体核的新菌丝。此外，在某些条件下营养菌丝或异核菌丝可直接形成菌核。

菌核是一种无性的细胞团，像金黄色的矿渣或小核桃。这是一种贮藏营养的器官和休眠体，可以使羊肚菌适应恶劣的环境条件。若干枯了，重新吸水，细胞受潮膨胀时，菌核即恢复生活，或长出子实体或萌发新的菌丝网。这种从子囊孢子到子实体长出子囊孢子的过程，叫有性循环。此外，还有一种从单核菌丝到粉孢子和从粉孢到单核菌丝的无性小循环。羊肚菌的整个生活史见图 2-1。

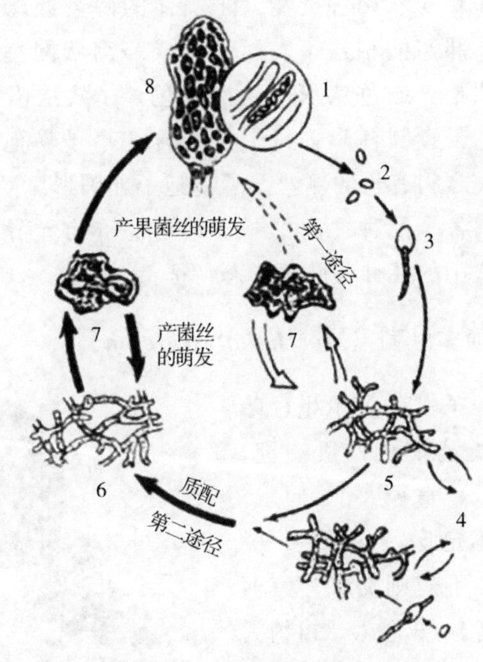

图 2-1　羊肚菌生活史

1. 子囊和子囊孢子　2. 孢子释放　3. 孢子萌发　4. 粉孢子
5. 第一次菌丝　6. 第二次菌丝　7. 小菌核　8. 子实体

三、羊肚菌常见品种形态特征

羊肚菌资源丰富，据有关文献记载：全世界羊肚菌属种约有40种，我国已报道有20种。羊肚菌属的形态特征是：菌丝体白色，有分隔，多核，无锁状联合，异宗结合，常产生菌核，但没有分生孢子或其他无性孢子出现；菌丝有短茸毛和颗粒状两种类型。子实体的菌盖近球形或圆锥形，边缘全部与柄相连，表面起伏成蜂窝状网棱纹；菌柄平整或有凹槽，颜色从灰白到深褐色，子实层沿菌盖下陷部分生长。子囊圆柱形，每个子囊含8个子囊孢子，单行排列，子囊之间有长的侧丝。子囊孢子卵圆形。

羊肚菌各个品种之间的子实体形态亦有差异。下面介绍常见可食用的几种羊肚菌形态特征。

1. 圆顶羊肚菌（*Morchella esculenta*）

该品种子实体多单生，菌盖卵形，淡黄褐色，顶端钝，高约5厘米，直径3～5厘米，表面凹坑不定形，茶褐色；棱纹色较浅，不规则交叉。菌柄乳白色，高5～6厘米，粗约为菌盖的一半，有凹槽，基部膨大。子囊孢子透明无色，长椭圆形，其形态见图2-2。

图2-2 圆顶羊肚菌形态

2. 尖顶羊肚菌（*Morchella conica*）

尖顶羊肚菌又名圆锥羊肚菌。其子实体较小。菌盖近圆锥形，顶端尖，高 3～5 厘米，宽 2～3.5厘米，凹坑长形，多纵向排列，浅褐色。菌柄白色，有不规则纵沟，高 3～6 厘米，粗 1～2.5厘米，其形态见图 2-3。春末夏初单生或群生于林中潮湿地上或腐叶层上。

图 2-3　尖顶羊肚菌

3. 粗腿羊肚菌（*Morchella crassipes*）

粗腿羊肚菌又名粗柄羊肚菌、皱柄羊肚菌。其子实体单生或群生，菌盖近卵圆形，高 4～7 厘米，宽 4～5 厘米；表面凹坑多，凹坑近圆形，大而浅，浅黄色至黄褐色；棱纹窄，色较深，纵向排列，由横脉相连接。菌柄粗壮，基部膨大，稍显凹槽，长 4～6 厘米，粗 3～4 厘米，奶油色，中空；子囊孢子椭圆形，透明无色。夏秋之交，生于林中潮湿地及河边沼泽地上。粗腿羊肚菌形态见图 2-4。

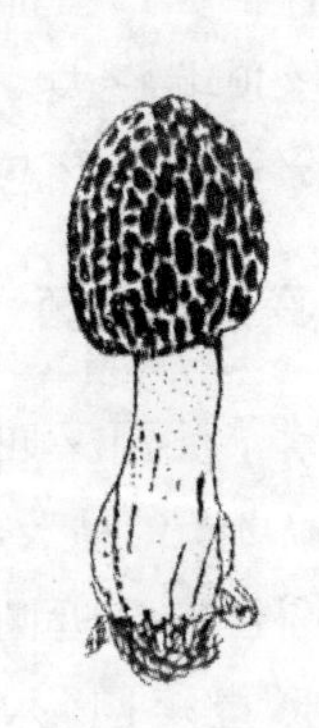

图 2-4　粗腿羊肚菌

4. 黑脉羊肚菌（*Morchella angusticpps*）

黑脉羊肚菌又名褐棱羊肚菌、高羊肚菌。其子实体中等或较大，菌盖圆锥形或近圆柱形，顶端一段尖，高 5～10 厘米，粗 2.5～5.5 厘米；凹坑多呈长方圆形，淡褐色至蛋壳色，棱纹黑色，纵向排列，由横脉交织，边缘与菌柄连接一起。菌柄乳白色至淡黑褐色，近圆柱形，长 5.5～15 厘米，粗 2～3.5 厘米，上部稍有颗粒，基部有凹槽。子囊近圆柱形，孢子单行排列，侧丝顶端膨大，透明无色。春夏之交野生于阔叶林地中。黑脉羊肚菌形态见图 2-5。

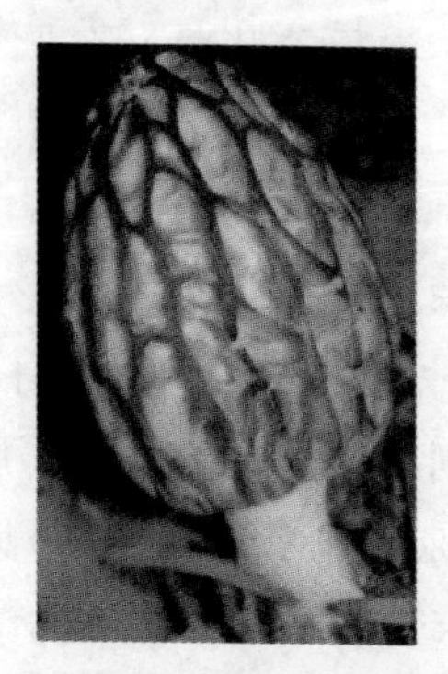

图 2-5　黑脉羊肚菌

5. 变紫羊肚菌（*Morchella purpurascens*）

变紫羊肚菌又叫羊雀菌。其子实体高 4～9 厘米，宽 2～4 厘米，近圆柱形至近圆锥形，有时呈近球形至矩圆形，顶端钝圆，表面有许多凹坑的棱纹，纵向棱纹较为明显，棱纹交织成网状，凹坑多为长方形；浅褐色、褐色、茶褐色至紫茶褐色，棱纹明显深暗色。柄长 2～4.5 厘米，粗 3～4.5 厘米，圆柱形至棒形，基部膨大，上部平滑，白色至黄白色或微黄带黄褐色，中空；近基部有 3～5 条纵向

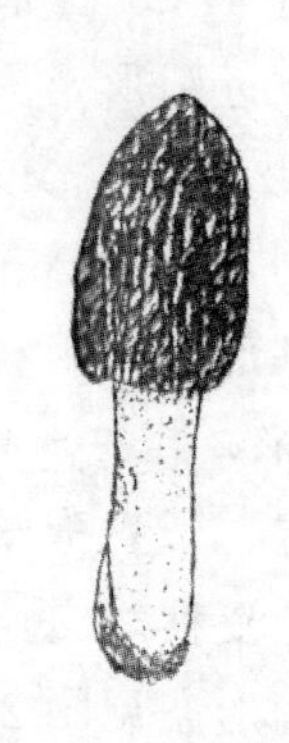

图 2-6　变紫羊肚菌形态

槽纹，麸皮色粉末状的微细颗粒。子囊孢子长椭圆形至椭圆形，光滑无色，非淀粉质。子实体单生至散生于林间地上。变紫羊肚菌形态见图 2-6。

6. 肋脉羊肚菌（*Morchella costata*）

该品种子实体较大，菌盖长 6～8 厘米，直径 3.5～4.5 厘米，长圆锥形或长卵圆形，顶端钝或尖，浅黄土色或淡黄褐色，脉棱少及凹窝宽而长，其纵脉棱明显长。菌柄长 7～10 厘米，粗 2～2.5 厘米，近柱形，基部稍膨大，同盖色，表面往往似有一层粉末；内部直至盖部空心，菌肉较薄。子囊近长圆柱形，无色，平滑，椭圆形，侧丝细长，顶部稍粗。肋脉羊肚菌形态见图 2-7。

图 2-7　肋脉羊肚菌

7. 小羊肚菌（*Morchella deliciosa*）

小羊肚菌俗称美味羊肚菌。其子实体较小，高 4～10 厘米，菌盖长 1.7～3.3 厘米，直径 0.8～1.5 厘米；圆锥形，凹坑往往长圆形，浅褐色；棱纹常纵向排列，有横脉相互交织，边缘与菌盖连接一起。菌柄长 2.5～6.5 厘米，粗 0.5～1.8 厘米，近白色至浅黄色，基部往往膨大且有凹槽。子囊近圆柱形，子囊孢子单行排列，椭圆形，侧丝

图 2-8　小羊肚菌

有分隔或分枝，顶端膨大。小羊肚菌形态见图 2-8。

四、羊肚菌资源区域

羊肚菌是春末夏初季节发生的一种名贵珍稀野生菌。其产区分布在亚洲、欧洲、北美洲及大洋洲地区。在国外，法国、德国、美国、印度最多。印度羊肚菌产区主要集中在喜马偕尔邦库鲁峡谷，海拔 2000 米以上的山区。在俄罗斯亦有发现。我国菌物科学家图力古尔、李玉 2 人在远东地区符拉迪沃斯托克、哈巴罗夫斯克等周边地区进行野生菌类资源调查，发现早春草地上长有高羊肚菌（*Morchella elata*）。

中国羊肚菌资源，主要分西南、西北、华中、华南和华东各省（区）。云南省丽江、保山、迪庆、剑川等地是羊肚菌主产区。分布特点是圆顶羊肚菌分布最广、发生期最长，尖顶羊肚菌、黑脉羊肚菌和粗腿羊肚菌次之，小羊肚菌分布区域最小。甘肃、四川、青海、宁夏、黑龙江、西藏、内蒙古、吉林、辽宁、新疆、河南、河北、陕西等 13 个省区均有。近年来发现山东省亦有分布。姜淑霞、李超等（2008）首次在泰山周围 400 公顷内，进行羊肚菌资源调查，发现粗腿羊肚菌（*Morchella crassipes*）、小羊肚菌（*Morchella dehliciosa*）等 10 种。王尚英、刘高峰等（2008）报道菏泽学院园林工程系在山东调查，发现菏泽市境内有尖顶羊肚菌等 4 种。夏艳云（2000）在安徽大别山进行资源调查，发现大别山境内杨、柳、栎、桐等阔叶林地上均长有羊肚菌。

五、羊肚菌对植被与土壤条件要求

羊肚菌生长发育生态环境条件中对植被与土壤的特殊要求如下。

1. 植被

羊肚菌发生地的植被，有以下几种类型。

（1）阔叶林

在云南，羊肚菌多发生在以栎属、桦属、山柳为主的阔叶林内（间有少数云南松），发生地为半阴半阳坡及两山坡之间的平缓地带，也发生在水沟、堤坝和路边。在甘肃，羊肚菌发生的阔叶林有远东栎、青岗栎、椴、槭、山杨，发生在灌木的有箭竹、忍冬、卫茅、花楸、蔷薇、悬钩杏、绣线菊等。

（2）针阔混交林

在甘南洮河林区，黑脉羊肚菌、圆顶羊肚菌、尖顶羊肚菌、粗腿羊肚菌和小羊肚菌多生长在冷杉或冷云杉混交林地。林内灌木为高山桠、斯氏蔷薇、刺叶忍冬、小叶忍冬等木本植物；草本植物有细叶苔草、酢浆草、珠芽蓼等；地被植物以藓类为主，覆盖率60%以上。吉林省王绍余（2008）发现松树林距树干1米的地上生长尖顶羊肚菌，在榆树的树冠下采到小羊肚菌，还在高山空地的菊科植物下采到平顶羊肚菌。

（3）果园

羊肚菌喜生长在旧苹果园中，并被认为苹果树的灰分和焦木块是其最好的养分。山东的羊肚菌也多发生在旧苹果园内，苹果园的植被以白茅、牛筋草、狗尾草等多年生或一年生禾本科杂草为主，其次是部分草本双子叶杂草。在这些杂草及苹果树刚发芽时，羊肚菌开始出土现蕾。

（4）草本植物

即羊肚菌发生在无森林、无灌木的草地上。如发生在云南拉美荣药材场的木香地上，该区域阳光充足，无森林，草本植物生长较好，连续数年都有羊肚菌发生。又如发生在青海祁连山一带河边的草滩上，其植被是以狗尾草、白茅等禾本科杂草为主，其次是部分双子叶杂草。

（5）粮地

羊肚菌还可发生在玉米地或甘薯地中。

2. 土壤

羊肚菌多发生在阔叶林或针阔混交林的腐殖质层上，其富含有机质和其他多种营养成分，是羊肚菌理想的天然固体培养基。

（1）土壤类型

羊肚菌发生地的土壤类型有沙质潮土、壤质潮土、黏质潮土、沙质壤土、褐壤等含腐殖质较多的土壤。发生土壤富含碳酸钙，含量一般5%～14%，土壤呈弱碱性，pH值平均在6.8～8.5，因此符合羊肚菌适宜在弱碱性环境中生长的生理特性。发生地土壤中常量及微量元素背景值中镁、铁、锰、铜、锌、硼、钼等元素的全量分布背景值，明显高于非羊肚菌发生区。在气候适宜的条件下，羊肚菌的发生量与这些元素的全量分布背景成正相关。苹果园土壤成分分析发现，羊肚菌生长的土壤中，钙、钾、磷含量均高于非发生区。火烧迹地中树木、野草等燃烧后的大量灰分富含钾、钙、磷，所以易发生羊肚菌。

（2）微生物环境

据各发生区抽样测定，其微生物环境极为相似，即细菌、放线菌数量较多，酵母菌数量差别较大。丝状真菌多数为分解纤维素、木质素的腐生真菌。而羊肚菌的生长处，细菌数量明显高于非羊肚菌生长处。在测定中，细菌、放线菌的垂直分布（0～7厘米）和水平分布（0～15厘米）均呈现向下、向外逐步减少的趋势。根据上述结果，认为细菌、放线菌与羊肚菌的发生、生长有一定关系。细菌、放线菌的存在，可以为羊肚菌提供营养。

（3）土层位置

在山东菏泽地区，王尚荣等（2008）于羊肚菌发生处，以及离羊肚菌生长位置约15厘米的地方，分别设置了土壤剖面。从发生处土壤剖面看，羊肚菌菌丝生于5～7厘米土层中，并形成约1.5厘米厚的菌丝层，在土层表面菌丝分布稍密集，土壤深入处较稀疏；若土壤剖面上层是2～3厘米厚的腐殖质，下层是4～5厘米厚的褐色沙质土，且通透性好，则菌丝层厚、密度也大；距发生位置15厘米处，菌丝层已很难看出。

（4）土质湿度

调查还发现羊肚菌在土壤湿润、保水性能良好的平缓地带的土层2厘米处，土壤含水量在45％～55％的条件下发生较多。

六、羊肚菌生长发育对自然气候要求

羊肚菌发生地的气候条件，包括温度、空间相对湿度、基质含水量、光照、空气等。

1. 温度

羊肚菌属低温型菌类。菌丝体生长发育在5～23℃均可，最适生长的温度为17～20℃，低于5℃或高于23℃就会停止生长。子实体发生期的温度为8～23℃，最适温度10～16℃，昼夜温差大（10～15℃）有促进子实体形成的作用。发生期随各地气候条件而异。在云南羊肚菌多发生在4～5月份，平均气温在10～15℃，少量发生在夏末秋初的8月中下旬。所有羊肚菌产区均有3个月以上平均温度在5～15℃，这3个月中依次为羊肚菌发生的早期、盛期和末期。在山东羊肚菌盛产期集中在清明节前后，出菇期平均气温为12.9℃，昼夜温差12.3℃。在辽宁新民羊肚菌盛产期在5月上旬，平均气温14～16℃，出菇期昼夜温差11℃。

2. 湿度

羊肚菌是在低温高湿条件下发育形成子实体的，从萌动到盛产期，以傍晚或夜间下中小雨，均匀适中，最有利于生长发育。一般以月降水量在35～60毫米为宜，如超过90毫米且连续降水，则不利羊肚菌生长发育。子实体通常在雨后1～2天发生，林间相对湿度一般在80%左右。但在青海祁连山产区因属典型高原大陆性气候，年平均气温低（－5～－9℃），雨量稀少，气候干燥，羊肚菌发生期的相对湿度在56%～64%，比其他产区相对湿度低。

3. 光照

甘肃王法梁调查羊肚菌属7个种，生长分布在弱光条件之下（三阳七阴）占总产地的95%，说明了羊肚菌具有独特的趋光性。羊肚菌菌丝生长和菌核形成初期不需要光照，菌核生长发育后期（又萌发新生菌丝时）需微光刺激，子实体形成期有明显的趋光性。据王尚荣（2008）桑海牡丹园羊肚菌发生区固定观测，子实体形成期光照强度600～900勒（通过85型自动量程照度计实测），子实体生长较快且菇体肥大，产量高，质量好。若阳光直射，光照强度1000～1500勒，羊肚菌菌盖表面水分蒸发快，颜色较深，到了夜间湿度大，菇体生长又加快，菇体相对较小，早熟，产量低，质量差。羊肚菌发生高峰时，杂草、果树刚长出叶片，阳光虽然相对充足，但草芽、果树幼小的叶片稍能遮阴，表明羊肚菌为喜光性真菌。

4. 空气

羊肚菌菌丝生长阶段对通氧量无明显反应，但子实体发生时需供氧充足，在通风不良处很少发生。根据历年羊肚菌易发生在果园、麦垄、田埂、沟、渠旁，且发生高峰时草芽、枝叶刚萌发，子实体能获取充足的新鲜氧气，表明羊肚菌属好氧性真菌。室内栽培基本上能满足其所需的氧气，但要注意防止各种异味或农药味。室内要保持正常通风、换气，防止因闷气影响子实体帽盖的正常生长。

第三章
羊肚菌绿色栽培基础条件

一、树立绿色栽培新理念

基础是实现绿色工程的根本。以保护人类生态环境为主题的“绿色行动”浪潮深入发展，越来越多的民众关注“绿色消费”，是人心所向，大势所趋，这也成为当今和将来羊肚菌产业发展的理念和目标。

1. 绿色是产业发展需要

随着农业产业化结构的调整，不少地方政府把扶持羊肚菌生产发展列入关注民生的一项政策措施，极大调动了广大农民积极性，栽培羊肚菌成为发展农村经济的支柱产业，广大农民脱贫致富实现小康的主要途径。

应当看到我国现有羊肚菌生产的主体是农民，在生产方式上长期以来沿用传统粗放型的社会化常规生产。由于资本、设施、技术和营销等各方面因素，致使绝大部分的产品仍然处在普通档次。虽然近年来深入开展“无公害计划行动”，有了很大进展，但所占整体的比例仍然不大，产品质量仍有不安全的因素。一旦管理部门开展检查，产品不符合食品安全卫生要求指标，必然受查处，给菇商、菇农都带来严重的经济损失。形势逼使羊肚菌生产必须朝向绿色栽培，确保科学发展，跨越发展。因此，实施绿色栽培已成为现代羊肚菌产业可持续发展的战略性举措。

2. 绿色消费是时代人心所向

随着《国家农产品质量安全法》的实施，广大民众安全意识增强，消费理念也发生新的变化。如今民众日常生活也由“食饱”转向“食好，食得营养健康”．食品的安全成为购买者的先决条件，而且不断从无公害转向绿色和有机食品方向发展。在欧洲一些国家市场调查显示，有30%民众选购食品时，宁愿高出3～5倍的价格购买绿色产品，理由是吃得健康、放心。在国内消费群中，购物的目光也逐渐瞄向安全食品。超市货架上印有绿色标志的菇品，虽然价格高于普通产品2～3倍，消费者都乐意接受。说明了绿色消费已成为新时期人心所向的潮流。

3. 绿色栽培是产品升级必经之路

绿色产业具有高质量、高品位、高效益、高附加值，是生态安全的高端产品。现有产品质量安全分为无公害、绿色和有机3种类型。而这3种类型食品从现有产量状况看形成“金字塔”。据有关部门统计资料显示：无公害食品占整个安全食品的85.7%，绿色食品占11.5%，有机食品仅占2.8%。因此无公害食品是塔基，绿色食品是塔身，有机食品是塔尖，但这3种类型的食品，其共性是安全。三者之间的关系密切，无公害食品是提升绿色食品的基础，而有机食品则是绿色食品的升级，AA绿色接近于有机食品。因此绿色食品的地位显得极为重要，它是羊肚菌产业转型升级的必由之路。

二、绿色产业基准与管理体系

1. 绿色产业含义与基准

（1）概念意义

绿色产业是遵循可持续发展原则，按照特定的生产环境和生产方式，产出高质量、生态、安全的高端商品，实现资源优化、经济增长方式转变、生态与经济和谐发展。

（2）生产方式

按照绿色食品生产技术规程进行生产，原辅材料和添加剂按规定许可限量使用，限制化学合成品。

（3）法规标准

按照国家NY/T391～394绿色食品产地环境质量、食品添加剂使用准则、农药使用准则、化肥使用准则4项标准执行。

（4）质量认证

绿色食品由国家农业部绿色食品发展中心审批，产品标志“绿色食品”。羊肚菌产品目前尚未公布专用标准，现行标准按NY/T749—2018《绿色食品　食用菌》和GB7096—2014《食品安全国家标准　食用菌及其制品》。

2. 绿色生产管理准则

羊肚菌为高级的绿色营养品，这是毫无疑义的，但问题在于生产全过程，包括制种、栽培及加工，具有广泛的多样性，而目前却缺乏标准的操作规程来保证产品的高质量和可重复性。因此，产品没有持久的公信力，迫切需要在科学验证的支撑下，改进质量控制，以维持和增强消费者信心，保护公共健康。以下5个“G”已被提议作为基于子实体高质量菇菌产品的生产管理准则。

（1）GLP（良好实验室管理规范/Good Laboratory Practice）

羊肚菌菌种的来源和特性必须登记明确，并妥善保藏，以免污染或变异。野外采集的种菇必须进行随机抽检，因为子实体能积累重金属、放射元素和其他来自生长环境的潜在有害污染物。由于不同菌株间存在遗传多样性，因此，不同实验室检测名称相同的品种，所获得的比较数据要求正确性。

（2）GAP（良好农业生产管理规范/Good Agricultural Practice）

羊肚菌菇菌产业化栽培中，生长和收获环境必须严格规定：生产基质和相关辅材料（含覆土）都不应含有重金属。各种成分的含量水平，要明确并维持在一定水平；制定物理生长参数（如温度梯度、相对湿度和光照度），保持良好的卫生条件（如应远离污染的水、空气，远离微生物污染和害虫源）。这些规范不仅对于产品的质量安全很重要，而且往往会影响所需生物活性物质的产量。

（3）GMP（良好作业规范/Good manufacturing Practice）

良好作业规范或是优良制造标准是一种特别注重在生产过程中实施对产品质量与卫生安全的自主性管理制度。它是一套适用于食品等行业的强制性标准，要求企业从原料、人员、设施设备、生产过程、包装运输、质量控制等方面，严格执行国家有关法规，达到卫生质量标准要求，形成一套可操作的作业规范。帮助企业改善卫生环境，及时发现生产过程中存在的问题，并加以改善。简要地说，

GMP要求食品生产企业应具备良好的生产设备，合理的生产过程，完善的质量管理和严格的检测系统，确保最终产品的质量符合法规要求，这是羊肚菌生产与加工企业必须达到的最基本的条件。

（4）GPP（良好产后管理规范/Good Post-formulation Practice）

应当进行恰当的化学和微生物分析，以确保各种类型的化学污染（如重金属）和微生物污染均处于安全的范围之内。市场上各种产品的主要活性成分的最佳存储条件及与其稳定性有关的数据应测定明确，以确定这些主要成分，随着时间推移的变质率（保质期），从而确定合适的产品保质日期。

（5）GCP（良好产品功能试验管理规范/Good Clinical Practice）

对精深加工产品，如提取羊肚菌多糖、抗肿瘤胶囊等产品，应长期进行测试研究在内的高质量临床试验，以使人确信产品有其所声称的生物活性与功效，并促进产品配方的改进，食疗保健上的科学食用，确定有效保证身体健康的合适剂量。

三、绿色产地定位基本条件

羊肚菌绿色栽培的先决条件是产地环境是否符合要求，这是重要的前提。羊肚菌栽培的场地主要是利用田野、山场、林地，其栽培是与地面、泥土离不开的。而土壤中含有一定比例的铅、汞、砷、镉等重金属，如果产地土壤因工业“三废”排放造成重金属含量过高，用于栽培羊肚菌时，就有可能附着到菇体上，必然造成产品重金属含量的超标，影响食品的安全性。因此在实施绿色工程时，首先认真选择好产地。

国家农业部已发布 NY/T391—2013《绿色食品　产地环境质量》，羊肚菌绿色栽培的产地环境条件必须以此为准绳，根据羊肚菌栽培的特性具体化，基本条件为“四远离”。

1. 远离食品酿造业

栽培场 500 米以内无酱制厂、酒醋厂、蜜饯厂、果蔬菌腌渍厂等食品发酵酿造厂场，防止微生物传播。

2. 远离住宅区

城市居民住宅区、医院、公厕、垃圾场等及工业固体废弃物和危险废弃物堆放、填埋物，与菇场相距应不少于 3 千米。

3. 远离尘烟厂矿

羊肚菌栽培场地应远离石灰厂、煤厂、磷矿、沙石加工场等粉尘和飘灰作业，以及化肥厂、化工厂等排烟企业 5 千米，防止灰尘和烟气造成菇场空间环境污染。

4. 远离水源污染地

栽培场上游水源不得有造纸厂和钨矿炼制厂、石板材切磨厂等，以防造纸厂排出的碱水和钨矿、石板材的加工浆液污染水源。

四、绿色产地技术措施

羊肚菌绿色栽培的产地自然条件与人为控制相结合，具体要求如下。

1. 周围空阔

场地视野空阔，近河流，空气流通，交通方便，土质肥沃，四周环境清洁，为羊肚菌生长创造一种自然的绿色优化环境。

2. 水旱轮作

利用农田栽培羊肚菌应实行轮作制，即一年种羊肚菌，一年种水稻，或春种玉米、秋冬栽培羊肚菌，有利切断病虫源。

3. 物理间隔

羊肚菌绿色产地要求独立性，不宜与普通菇场或其他作物毗邻。产地四周可用遮阳网环围，避免病虫传播。

五、绿色产地环境安全质量标准

羊肚菌绿色产地质量标准，应严格按照国家农业部颁布的NY/T391—2013《绿色食品　产地环境质量》，包括土壤质量标准、水源水质标准和空间气体质量标准，具体指标如下。

1. 土壤质量标准

绿色栽培土壤质量要求严格。土壤耕作方式分为旱田和水田两大类，每类又根据土壤 pH 值的高低分为 3 种情况，即 pH＜6.5、pH －6.5～7.5、pH＞7.5。产地各种不同土壤中的各项污染物含量不应超过表 3-1 所列的限值。

表 3-1　绿色产地土壤各项污染物指标要求

毫克/千克

耕作条件	旱田			水田		
pH 值	＜6.5	6.5～7.5	＞7.5	＜6.5	6.5～7.5	＞7.5
总镉	≤0.30	≤0.30	≤0.40	≤0.30	≤0.30	≤0.40
总汞	≤0.25	≤0.30	≤0.35	≤0.30	≤0.40	≤0.40
总砷	≤25	≤20	≤20	≤20	≤20	≤15
总铅	≤50	≤50	≤50	≤50	≤50	≤50
总铬	≤120	≤120	≤120	≤120	≤120	≤120
总铜	≤50	≤60	≤60	≤50	≤60	≤60

生产 A 级羊肚菌绿色产品时，其土壤肥力作为参考指标，见表 3-2。

表 3-2　绿色产地土壤肥力分级参考指标

项目	级别	旱地	水田	菜地	园地	牧地
有机质（克/千克）	Ⅰ	＞15	＞25	＞30	＞20	＞20
	Ⅱ	10～15	20～25	20～30	15～20	15～20
	Ⅲ	＜10	＜20	＜20	＜15	＜15

续表

项目	级别	旱地	水田	菜地	园地	牧地
全氮（克/千克）	Ⅰ	＞1.0	＞1.2	＞1.2	＞1.0	—
	Ⅱ	0.8～1.0	1.0～1.2	1.0～1.2	0.8～1.0	—
	Ⅲ	＜0.8	＜1.0	＜1.0	＜0.8	—
有效磷（毫克/千克）	Ⅰ	＞10	＞15	＞40	＞10	＞10
	Ⅱ	5～10	10～15	20～40	5～10	5～10
	Ⅲ	＜5	＜10	＜20	＜5	＜5
速效钾（毫克/千克）	Ⅰ	＞120	＞100	＞150	＞100	—
	Ⅱ	80～120	50～100	100～150	50～100	—
	Ⅲ	＜80	＜50	＜100	＜50	—
阳离子交换量（微克/千克）	Ⅰ	＞20	＞20	＞20	＞20	—
	Ⅱ	15～20	15～20	15～20	15～20	—
	Ⅲ	＜15	＜15	＜15	＜15	—

2. 水源水质标准

羊肚菌绿色生产的地表水环境执行 GB2B1 标准，子实体生长喷洒用水，其水质必须定期进行测定，应符合国家 GB5749《生活饮用水卫生标准》和 NY/T391—2013 绿色食品生产用水标准的要求，见表 3-3。

表 3-3　绿色产地用水质量标准

项目	指标
pH 值	6.5～8.5
氰化物（毫克/升）	≤0.05
氟化物（毫克/升）	≤1.0
总汞（毫克/升）	≤0.001

续表

项目	指标
总砷（毫克/升）	≤0.01
总铅（毫克/升）	≤0.01
总镉（毫克/升）	≤0.005
六价铬（毫克/升）	≤0.05
菌落总数（CFU/毫升）	≤1.0
总大肠菌群（MPN/100 毫升）	不得检出

3. 空气质量标准

羊肚菌绿色食品产地空间要求大气无污染，执行 NY/T391—2013 标准。主风向上方 20 千米以内无污染源。产地大气层空气质量指标要求不超表 3-4 规定的指标。

表 3-4　绿色产地环境空气质量标准

项目	指标	
	日平均	1小时平均
总悬浮颗粒物（标准状态）（毫克/米^3）	0.30	—
二氧化硫（标准状态）（毫克/米^3）	1.5	0.50
二氧化氮（标准状态）（毫克/米^3）	0.08	0.20
氟化物（微克/分米^3）	7	20

注：日平均指任何一日的平均指标；1 小时平均指任何一小时的指标。

4. 栽培田地连作障碍

羊肚菌栽培田地不宜连作，它与竹荪野外畦栽性质一样，一块地连续种植，土壤有效成分消耗，残留物累积，病虫害加剧，必将导致羊肚菌出菇较少、较小，甚至不出菇，这就连作的弊病。尤其种过烟叶、辣椒的场地，其残留物与羊肚菌菌丝形成对抗，不宜使用。此外，羊肚菌栽培地也不能与竹荪、大球盖菇等食用菌连作。

随着羊肚菌产业的发展，为避免连作障碍，提倡水旱连作，栽培羊肚菌的田地，第二年种植水稻。水和高温能杀死大量有害微生物，同时改变土壤结构和 pH 值。也可以采取羊肚菌与非亲缘作物连作，诸如玉米、葵花、蔬菜等。

六、绿色栽培基质安全性保证

1. 无害化原材料选择

羊肚菌生产用的原材料，包括菌种制作培养料，栽培场地有机物，外营养袋原材料三方面。主要原料以含木质素和纤维素的农林业下脚料，如杂木屑、棉籽壳、玉米芯、甘蔗渣等秸秆、籽壳，并辅以农业副产品的麦麸或米糠等。栽培原料应按照 NY5099—2002《无公害食品　食用菌栽培基质安全技术要求》的农业行业标准执行。下面详细介绍适于羊肚菌生产的几类原料。

（1）小麦

小麦是羊肚菌制作麦粒菌种和外源营养袋配制的主要原料。小麦要求颗粒饱满，足干，无发霉变质，无虫蛀的优质陈小麦为好。对于受雨淋湿或仓储过程受潮，虽然复晒干，但内在淀粉已发生变化，特别发霉或虫蛀的小麦，其养分被破坏，因此不可取用。只要原料质量保证达标，才能确保菌种和外源营养袋的质量，才能为羊肚菌栽培获得理想的产量。

（2）适生树木屑

适于羊肚菌培养料的树木种类为常绿阔叶树，其营养成分、水分、单宁、生物碱含量的比例及木材的吸水性、通气性、导热性、质地、纹理等物理状态，适于羊肚菌菌丝生长。杂木屑一般含粗蛋白1.5%、粗脂肪1.1%、粗纤维71.2%、可溶性碳水化合物25.4%、碳氮比（C/N）约492∶1。下面介绍适于羊肚菌生产树木15个科属85个品种，供选用（见表3-5）。

表3-5　适合羊肚菌培养料的树木名称

科属	树木名称
壳斗科	青冈栎、栓皮栎、栲树、抱栎、白栎、蒙栎、麻栎、槲栎、大叶槠、甜槠、红锥、板栗、茅栗、刺叶栎、柞栎、粗穗栲、硬叶椆、丝栗栲、桂林栲、南岭栲、刺栲、红钩栲
桦木科	光皮桦、西南桦、黑桦、桤木、水冬瓜、枫桦、赤杨、白桦
桑　科	桑、鸡桑、构树
榛　科	鹅耳枥、大穗鹅耳枥、千金榆、白山果、榛子
豆　科	黑荆、澳洲金合欢、银荆、银合欢、山槐、胡枝子
金缕梅科	枫香、蕈树、中华阿丁枫、短萼枫香、光叶枫香、蚊母树
杜英科	杜英、猴欢喜、薯豆、中华杜英、剑叶杜英
胡桃科	枫杨、化香、核桃楸、黄杞
榆　科	白榆、大叶榆、青榆、榆树、朴树
槭树科	枫、白牛子、盐肤木、芒果、野漆、黄连木
杨柳科	大青杨、白杨、山杨、朝鲜柳、大白柳、柳树
木樨科	水曲柳、花区柳、白蜡树

续表

科属	树木名称
悬铃木科	法国梧桐
藤　科	多花山竹子
蔷薇科	桃、李、苹果、山樱花

我国南北省区有大面积果树，每年修剪枝桠数量之多，这些可以充分利用。而在南方蚕桑产区，每年桑树剪枝量大。据化验桑枝含粗纤维 56.5%、木质素 38.6%、可溶性糖 0.36%、蛋白质 2.93%，含氮量明显高于木屑，可收集作为羊肚菌生产原料。

（3）农作物秸秆

我国农村每年均有大量的农作物秸秆、籽壳，如棉籽壳、玉米芯、葵花籽壳等下脚料，过去大都作为燃料烧掉，或堆放田头腐烂。这些秸秆可以用作栽培羊肚菌畦床有机肥，常见有以下品种。

①棉籽壳：为脱绒棉籽的种皮，是粮油加工厂的下脚料。质地松散，吸水性强，含蛋白质 6.85%、脂肪 3.2%、粗纤维 68.6%、可溶性糖 2.01%、氮 1.2%、磷 0.12%、钾 1.3%，是羊肚菌生产中需要的一种理想原料。棉籽壳质量要求：第一，新鲜，无结团，无霉烂变质，质地干燥；第二，含棉籽仁粉粒多，色泽略黄带粉灰，籽壳蓬松；第三，附着纤维适中，手感柔软；第四，液汁较浓，吸水湿透后，手握紧料，挤出乳汁是紫茄子色为优质。若没有乳状汁，则品质稍差。选料要按季节，夏季气温高，培养料水分蒸发快，宜用含籽仁壳多，纤维少的为适，避免袋温超高。

②谷壳：谷壳指的是稻谷加工成大米时分离出来的外

壳，其富含纤维素，质地疏松，是羊肚菌外源营养袋配方中的一种原料。谷壳要求在稻谷加工大米分离出来后，及时收集，堆放干燥处。防止受潮发热发酵，还能带来螨虫为害。

③玉米芯：脱去玉米粒的玉米棒，称玉米芯，也称穗轴。我国玉米播种面积居粮食作物的第3位，年产玉米芯及玉米秸秆约9000万吨。干玉米芯含水分8.7%，有机质91.3%，其中粗蛋白质2%、粗脂肪0.7%、粗纤维28.2%、可溶性碳水化合物58.4%、粗灰分2%、钙0.1%、磷0.08%。玉米芯加其他辅料，补充氮源，可作为生产羊肚菌新的原料。要求晒干，将其加工成绿豆大小的颗粒，不要粉碎成粉状，否则会影响培养料通气，造成发菌不良。近年来东北省区对玉米芯采取破碎机加工成颗粒状后，用压榨机压成块状，整块装入编织袋，便于运输。

④葵花籽壳：葵花又名向日葵，为高秆油料作物。其茎秆高大，木质素、纤维素含量极高。葵花盘、葵花籽壳均可利用。据测定葵花籽壳含粗蛋白5.29%、粗脂肪2.96%、粗纤维49.8%、可溶性碳水化合物29.14%、粗灰分1.9%、钙1.17%、磷0.07%，养分十分丰富。

⑤高粱秆：高粱秆含蛋白质3.2%、粗脂肪0.5%、粗纤维33%、可溶性碳水化合物48.5%、粗灰分4.6%、钙1.3%、磷0.23%，营养成分丰富的原料。

⑥大豆秸：含粗蛋白13.8%、粗脂肪2.4%、粗纤维28.7%、可溶性碳水化合物34%、粗灰分7.6%、钙0.92%、磷0.21%，是一种营养成分丰富的栽培原料。

⑦棉花秆：棉花秆在北方又叫棉柴。纤维素含量达41.4%，接近杂木屑42.7%的含量，其粗蛋白含量4.9%、粗脂肪0.7%、可溶性碳水化合物33.6%、粗灰分3.8%，

还有钙、磷成分，是生产羊肚菌的好原料，现有开发利用较少，均作燃料烧掉。

羊肚菌产业要发展，原料使用上必须改变观念，开拓创新，充分发挥利用各种农作物秸秆。我国每年产生农作物秸秆 7 亿吨，大大超过种植业产品的总产量。而且分布广泛，从资源角度看，这些数量巨大的可再生能源，开发利用起来就可从根本上解决羊肚菌生产可持续发展的原料问题，而且又可提高农业生产综合效益，属于循环经济。

（4）工业废渣类

甘蔗渣为榨糖厂的废渣，我国蔗渣每年产量在 600 万吨左右。新鲜干燥的甘蔗渣，白色或黄白色，有糖的芳香。一般含水分 8.5%、有机质 91.5%，其中粗蛋白质 2.54%、粗脂肪 11.6%、粗纤维 43.1%、可溶性碳水化合物 18.7%、粗灰分 0.72%。可以收集处理，用作羊肚菌栽培场地有机肥。

2. 无害化辅助营养料

辅助营养料包括碳源辅料、氮源辅料和矿质添加剂 3 种。这是根据原料的理化性状的优缺点，添加辅料，弥补主料营养成分中一些方面的不足，达到培养基优化，实现高产高效目的。常用碳源、氮源辅料品种如下。

（1）麦麸

麦麸是小麦籽粒加工面粉时的副产品，是麦粒表皮、种皮、珠心和糊粉的混合物。它是一种优良的辅料，其主要成分为：水分 12.1%、粗蛋白质 13.5%、粗脂肪 3.8%、粗纤维 10.4%、可溶性碳水化合物 55.4%、灰分 4.8%，其维生素 B_1 含量高达 7.9 微克/千克。麦麸蛋白质中含有 16 种氨基酸，尤以谷氨酸含量最高可达 46%，营养十分丰富。麦麸中红皮、粗皮构成培养料透气性好；白皮、细皮淀粉含量高，添加过多易引起菌丝徒长。市场上有的麦麸掺杂，购买时先检测，可抓一把在掌中，吹风检验，若混有麦秆、芦苇秆等，一吹易飞，且手感不光滑、较轻。麦麸的质量要求足干，不回潮，无虫卵，无结块，无霉变。

（2）米糠

米糠是稻谷加工大米时的副产品，也是羊肚菌生产的氮源辅料之一，可取代麦麸。它含有粗蛋白质 11.8%、粗脂肪 14.5%、粗纤维 7.2%、钙 0.39%、磷 0.03%。其蛋白质、脂肪含量高于麦麸。选择时要求用不含谷壳的新鲜细糠，因为含谷壳多的粗糠，营养成分低，对产量有影响。米糠极易孳生螨虫，宜放干燥处，防止潮湿。

（3）玉米粉

玉米粉因品种与产地的不同，其营养成分亦有差异。在培养基中加入 2%～3%的玉米粉，增加碳素营养源，可以增强菌丝活力，产量显著提高。

菌种和外源营养袋的培养料配方中，常用石膏粉、碳酸钙、石灰等化学物质，有的以改善培养料化学性状为主，有的是用于调节培养料的酸碱度。常用添加剂有以下几种。

（1）石膏

石膏的化学名称叫硫酸钙，弱酸性，分生石膏与熟石膏两种。农资商店经营的石膏，即可作为辅料配用。石膏在生产上广泛用作固体培养料中的辅料，主要作用是改善培养料的结构和水分状况，增加钙营养，调节培养料的 pH 值，一般用量1%～2%。

（2）碳酸钙

纯品为白色结晶或粉末，极难溶于水中，水溶液呈微碱性，因其在溶液中能对酸碱起缓冲作用，故常作为缓冲剂和钙素养分，添加于培养料中，用量1%～2%。

（3）石灰

石灰即氧化钙（CaO），遇水变成氢氧化钙具有碱性，配料中添加1%～3%，用于调节pH值。

（4）过磷酸钙

过磷酸钙是磷肥的一种，也称磷酸石灰，为水溶性，灰白色或深灰色，或带粉红的粉末。有酸的气味，水溶液呈酸性，用量一般为1%左右。

（5）硫酸镁

硫酸镁又称泻盐，无色或白色结晶体，易风化，有苦咸味，可溶于水，它对微生物细胞中的酶有激活反应，促进代谢。在菌种培养基配方中，一般用量为0.03%～0.05%，有利于菌丝生长。

3. 栽培基质安全把关

羊肚菌生产所需的原料及添加剂，应符合国家农业部发布的NY5099—2002《无公害食品　食用菌栽培基质安全技术要求》。原辅材料严格“把好四关”：

①采集质量关：原材料要求新鲜、无霉烂变质。

②入库灭害关：原料进仓前烈日曝晒，杀灭病源菌和虫害、虫蛆。

③储存防潮关：仓库要求干燥、通风、防雨淋、防潮湿。

④堆料发酵关：原料使用时，提前堆料曝晒，有利杀灭潜伏在料中的杂菌与虫害。经灭菌后的基质需达到无菌状态，不允许加入农药拌料。

无害化的基质添加剂用量不得超出下列规定的标准，见表3-6。

表 3-6　羊肚菌绿色栽培基质化学添加剂规定标准

添加剂种类	使用方法和用量
尿素	补充氮源营养，0.1%～0.2%均匀拌入栽培基质中
硫酸氢铵	补充氮源营养，0.1%～0.2%均匀拌入栽培基质中
碳酸氢铵	补充氮源营养，0.1%～0.5%均匀拌入栽培基质中
氰铵化钙（石灰氮）	补充氮源营养和钙素，0.2%～0.5%均匀拌入栽培基质中
磷酸二氢钾	补充磷和钾，0.05%～0.2%均匀拌入栽培基质中
磷酸氢二钾	补充磷和钾，0.05%～0.2%均匀拌入栽培基质中
石灰	补充钙素，并有抑菌作用，1%～5%均匀拌入栽培基质中
石膏	补充钙和硫，1%～2%均匀拌入栽培基质中
碳酸钙	补充钙，0.5%～1%均匀拌入栽培基质中

七、绿色栽培房棚条件

羊肚菌栽培房棚，分为菌种培养室和出菇棚两类。两者在条件上有较大差别，总体要求应符合羊肚菌生理生态环境条件的需要和绿色生产的要求。具体条件如下。

1. 菌种培养室要求

专业性工厂化生产的企业，应专门建造菌种袋培养室，标准培养室必须达到以下“五要求”。

（1）远离污染区

培养室要远离食品酿造工业、禽畜舍、垃圾（粪便）场，以及水泥厂、石灰厂等扬尘厂场，还得远离公路主干线、医院和居民区，防止生活垃圾、有害气体、废水，以及过多的人群，造成对羊肚菌的污染。

（2）结构合理

培养室应坐北朝南，地势稍高，环境清洁；室内宽敞，一般 32～36 米^2 面积为宜。培养室内搭培养架床 6～7 层。室内墙壁刷白灰，门窗对向能开能闭，并安装尼龙窗纱防虫网；设置排气口、排气扇。

（3）生态适宜

室内卫生、干燥、防潮，空气相对湿度低于 70%；遮阳避光，控温，空气新鲜。

（4）无害消毒

选用无公害的次氯酸钙药剂消毒，使之接触空气后，迅速分解，或使用对环境、人体和菌丝生长无害，又能消灭病原微生物的物质。

（5）物理杀菌

室内装紫外线灯照射或电子臭氧灭菌器等物理消毒，取代化学物质杀菌。

2. 子实体生长棚要求

羊肚菌子实体生长棚，统称菇棚，是大田栽培羊肚菌的主要设施。其生态环境应符合农业部 NY/T391—2013

《绿色食品　产地环境质量》。具体要求如下。

（1）结构合理

要求菇棚能保温、保湿，具有抗御高温、恶劣天气的能力，合理的空间和较高的利用率；结构固定安全，操作方便，经济实用。

（2）场地优化

选择背风向阳，地势高燥，排灌方便，水、电源充足，交通便利，周围无垃圾等乱杂废物。菇棚周围做好消毒清理卫生。

（3）土壤改良

作为覆土栽培羊肚菌的土地，必须进行深翻晒后灌水、排干、整畦。采用石灰粉取代化学农药消毒杀虫，然后旋耕土。

（4）水源洁净

水源无污染，水质清洁，最好采用泉水、井水和无污染源溪河流畅的清水；不得使用池塘水、积沟水。

（5）茬口轮作

不是固定性的菇棚，应采取一年种农作物，一年栽羊肚菌，合理轮作，隔断中间传播寄主，减少病虫源积累，避免重茬加重病虫害。

3. 房棚选型与构建

现有羊肚菌商品化规模栽培南北省区所应用的菇棚，大体分为4大类，栽培者可根据自己生产规模和经济条件因地制宜选择。

（1）遮阳网大棚

此种菇棚在主产区四川等省区使用较普遍。遮阳网大棚又分为高棚、中棚和矮棚3种类型。

矮棚：矮棚分平顶和圆顶两种。圆顶矮棚在利用喷灌设施进行水分管理时，容易出现水分分流，棚顶正下方土壤水分不足。因此在四川省羊肚菌栽培较多采用平顶矮棚。矮棚便于冬季覆膜保温，但通风和降温效果差些，在羊肚菌出菇阶段容易受突然升高的温度影响。因此在温度升高之前，需加盖草帘。在林下行间栽培羊肚菌，矮棚较为适合。

中棚：一般棚高 2 米，用竹竿作支架，用托膜线作遮阳网的铺设依托搭建平顶棚。其搭建方便，成本低廉，且拆除后可种植水稻；同时也方便喷水设施安装和管理人员的进出。此种中棚，适于气候温和的地区大面积栽培所采用，但在冬季寒冷的地区不便保温，这种中棚常称拱式塑料棚。以每 5 根竹竿为一行排柱，中柱 1 根高 2 米，二柱 2 根高 1.5 米，边柱 2 根高 1 米。排竹埋入土中，上端以竹竿或木杆相连，用细铁丝扎住，即成单行的拱形排柱。排柱间距离 1 米，排柱行数按所需面积确定。

高棚：多数利用蔬菜、玉米、园艺育苗大棚进行羊肚菌栽培。其棚高度一般为 4 米以上，为尖顶或平顶的钢架结构，搭建造价较高，适于环境条件相对恶劣的地区应用。

（2）现代化温棚

其科技含量高，是实现羊肚菌高产优质高效途径之一，是实施“绿色工程”生产绿色产品的有力手段。尤其北方气候寒冷，在冬季无法产出羊肚菌。利用温室可以人为创造适应羊肚菌的生长的生态条件，促使其如期长菇。

现代化温棚采用计算机控制系统，由气象检测、微机、打印机、主控器、温湿度传感器、控制软件等组成。系统功能可自动测量温室的气候和土壤参数，并对温室内配置的所有设备能实现现代化运行自动控制，如开窗、加温、降温、光照、喷雾、环流等。

（3）日光温室

日光温室的特点是保温好、投资低、节约能源，非常适合我国经济欠发达农村使用。节能型日光温室的透光率一般在60％～80％，室内外气温差可保持在21～25℃。太阳辐射是维持日光温室温度或保持热量平衡的最重要的能量来源，同时太阳辐射又是作物进行光合作用的唯一光源。温室的保温由保温围护结构和活动保温被两部分组成。前坡面的保温材料应使用柔性材料以易于日出后收起，日落时放下。日光温室主要由围护墙体、后屋面和前屋面三部分组成，简称日光温室的“三要素”，其中前屋面是温室的全部采光面，白天采光时段前屋面只覆盖塑料膜采光，当室外光照减弱时，及时用活动保温被覆盖塑料膜，以加强温室的保温。

（4）玻璃温室

玻璃温室是以玻璃为透明覆盖材料的温室。基础设计除满足强度的要求外，还具有足够的稳定性和抵抗不均匀沉降的能力，与柱间支撑相连的基础还应具有足够的传递水平力的作用和空间稳定性。温室底部应位于冻土层以下，采暖温室可根据气候和土壤情况考虑采暖对基础冻深的影响。一般基础底部应低于室外地面0.5米以上，基础顶面与室外地面的距离应大于0.1米，以防止基础外露和对栽培的不良影响。除特殊要求外，温室基础顶面与室内地面的距离宜大于0.4米。独立基础，通常采用钢筋混凝土。

八、绿色栽培塑料袋规格质量

1. 塑料袋原料要求

羊肚菌菌种和外源营养袋的培养料装入的容器为塑料薄膜袋，其质量要求符合国家标准 GB4806.7—2016《食品安全国家标准　食品接触用塑料材料及制品》。其原料应采用高密度低压聚乙烯（HDPE）薄膜加工制成的成型折角袋。这是常压灭菌条件下常用的一种理想薄膜袋。市场上聚丙烯袋虽耐高压、透明度好，但质地硬脆，不易与料紧贴，且冬季遇冷易破裂，因此不理想。

2. 塑料袋规格

菌种袋及外源营养袋规格，现有各产区常用以下 2 种规格（袋折径宽×长×厚），一种是 12 厘米×24 厘米菌种袋，也有的产区采用 15 厘米×（30～33）厘米袋，厚度 0.04 毫米。上述规格栽培袋，装料量适中，有利灭菌彻底。

3. 塑料袋质量标准

塑料袋质量好坏，关系到接种后菌袋的成品率。优质塑料袋标准如下：

①规格一致：薄膜厚薄均匀，袋径扁宽大小一致。

②结构精密：料面密度强，肉眼观察无砂眼，无针孔，无凹凸不平。

③抗张性强：抗张强度好，剪 2～4 圈拉开不断裂。

④能耐高温：装料后经 100℃常压灭菌保持 16～24 小时，不膨胀、不破裂、不熔化。

九、配套机械设备

羊肚菌生产包括制种与栽培及产品加工全过程，必备机械配套设施，要从经济和实用两方面考虑：

1. 原料切碎机

应选用菇木切碎机，这是一种木材切片与粉碎一体合成的新型切碎机械。该机生产能力高达 1000 千克/台时，配用 15～28 千瓦电动机或 11 千瓦以上的柴油机。生产效率比原有机械提高 40%，电能节省 1/4，适用于枝桠、农作物秸秆等原料的切碎加工。

2. 新型培养料搅拌机

该机以开堆机、搅拌器、惯性轮、走轮、变速箱组成，配用 2.2 千瓦电机、漏电保护器。堆料拌料量不受限制，只要机械进堆料场开关一开，自动前进开堆拌料并复堆。生产率 5000 千克/台小时，而且拌料柔匀，有利菌丝分解。

3. 培养料装袋机

装袋机型号较多，而且不断改革创新。具有一定规模的羊肚菌栽培生产基地，应采用电脑程序控制，自动完成套、装料，扎口等一系列复杂工序，完全取代手工操作。自动化程度高，每台仅需 1 人操作，每小时可装袋 600～900 袋，而且装料均匀。还有一种全自动套环、套盖、装筐联合机，采用电脑程序控制，自动化程度高，每小时 1200 袋，大大节省劳力。一般菇农可选用普通多功能装袋机，配多种规格套筒，1.5 千瓦电机，生产能力 1500～2000 袋/

小时，较为经济实用。

4. 产品烘干机

（1）YHP50 环保型热泵烘干机

该机利用电热能烘干，成品色泽均匀，朵形好，产品卫生。每次可加工羊肚菌鲜菇 500 千克。

（2）LOW-500 型脱水机

其结构简单，热交换器安装在中间，两旁防火板。上方设进风口，中间配 600 毫米排风扇；两边设置两个干燥箱，箱内各安装 13 层竹制烘干筛。箱底两旁设热气口。机内设 3 层保温，中间双重隔层，使菇品烘干不焦。箱顶设排气窗，使气流在箱内通畅，强制通风脱水干燥。每台设备 1 次可加工鲜菇 250～300 千克。LOW-500 型脱水烘干机结构见图 3-1。

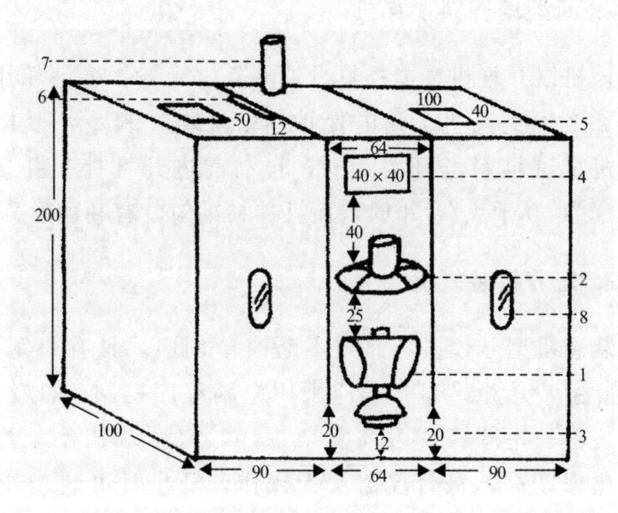

图 3-1　LOW-500 型脱水机（单位：厘米）

1. 交换器　2. 排气扇　3. 热风口　4. 进风口

5. 热风口　6. 回风口　7. 烟囱　8. 观察口

十、培养基灭菌设备

灭菌设备包括高压灭菌锅和常压灭菌灶两类。它主要用于培养基灭菌，杀灭潜藏在原料中的有害病原菌，达到基质安全的效果。

1. 高压蒸汽灭菌锅

高压灭菌锅用于羊肚菌菌种生产和营养袋培养料的灭菌，常用的有手提式、立式和卧式高压灭菌锅。试管母种培养基由于制作量不大，适合用手提式高压灭菌锅。其消毒桶内径为28厘米、深28厘米，容积18升，蒸汽压强在0.103兆帕时，蒸汽温度可达121℃。原种和栽培种数量多的，宜选用立式或卧式高压灭菌锅。其规格分为1次可容纳750毫升的羊肚菌瓶100个、200个、260个、330个不等。除安装有压力表、放气阀外，还有进水管、排水管等装置。卧式高压灭菌锅操作方便，热源用煤、柴均可。高压灭菌锅的灭菌原理是：水经加热产生蒸汽，在密闭状态下，饱和蒸汽的温度随压力的加大而升高，从而提高蒸汽对细菌及孢子的穿透力，在短时间内可达到彻底灭菌的效果。

2. 高温灭菌真空冷却双效锅

近年来工业企业还生产一种高温灭菌真空冷却双效锅。这是以真空脉动灭菌锅为基础，加上真空冷却技术组合而成的新型灭菌设备，适于菌种厂和羊肚菌栽培规模较大的企业，用于菌种和外源营养袋培养基的灭菌，确保灭菌彻底，配有智能控制、安全报警等设置。

3. 常压高温罩膜灭菌灶

常压高温灭菌灶是外源营养袋灭菌设备，常用有钢板锅罩膜灭菌灶。它是采用砖砌灶，其体长280～350厘米，宽250～270厘米，灶台炉膛和清灰口可各1个或2个。灶上配备0.4厘米钢板焊成平底锅，锅上垫木条，料袋重叠在离锅底20厘米的垫木上。叠袋后罩上薄膜和篷布，用绳捆牢，1次可灭菌10000袋。钢板平底锅罩膜常压灭菌灶见图3-2。

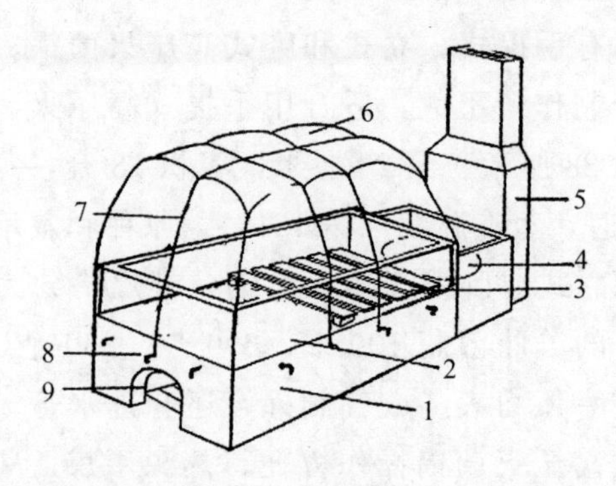

图 3-2　钢板平底锅罩膜常压灭菌灶

1. 灶台　2. 平底钢板锅　3. 叠袋垫木　4. 加水锅　5. 烟囱
6. 罩膜　7. 扎绳　8. 铁钩　9. 炉膛

第四章
羊肚菌菌种绿色制造工艺

一、菌种生产经营许可证

国家农业部颁发《食用菌菌种管理办法》(2006 年 6 月 1 日起施行),明确规定了食用菌菌种生产的市场准入条件。凡从事菌种生产经营者,必须办理食用菌菌种生产经营许可证。下面介绍申请羊肚菌 3 种不同级别菌种生产经营许可证的具体条件和手续。

1. 申请母种生产经营许可证

申请母种食用菌菌种生产经营许可证,应向所在地县级农业(食用菌,下同)行政主管部门提交下列材料。

①食用菌菌种生产经营许可证申请表。

②注册资本 100 万元以上的证明材料。

③经省农业厅考核合格的菌种检验人员 1 名以上、生产技术人员 2 名以上的资格证明。

④仪器设备和设施清单及产权证明,主要仪器设备的照片(母种生产所需相应的灭菌、接种、培养、贮存、出菇试验等设备、相应的质量检验仪器与设施),这些仪器设备和设施应符合农业部《食用菌菌种生产技术规程》要求。

⑤母种生产经营场所照片及产权证明(母种生产所需相应的灭菌、接种、培养、贮存、质量检验和出菇试验的场所),这些场所环境卫生及其他条件应符合农业部 NY/

T528《食用菌菌种生产技术规程》的要求。

⑥品种特性介绍：温型、适应基质、栽培方式、生物转化率、产品形态等。

⑦菌种生产经营质量保证制度　申请母种生产经营许可证的品种为授权品种的，还应当提供品种所有权人（品种选育人）授权的书面证明。

审批程序：由县级农业行政主管部门审核，由省农业厅审批，报农业部备案。具体程序为县级农业行政主管部门受理母种生产经营许可申请后，可以组织专家进行实地考查；应当自受理申请之日起20日内签署审核意见，不符合条件的，应书面通知申请人并说明理由；符合条件的，报省农业厅审批。省农业厅自收到审核意见之日起20日内完成审批，符合条件的，发给生产经营许可证，并报农业部备案；不符合条件的，书面通知申请人并说明理由。

2. 申请原种生产经营许可证

申请材料：申请原种食用菌菌种生产经营许可证，应向所在地县级农业行政主管部门提交下列材料。

①食用菌菌种生产经营许可证申请表。

②注册资本50万元以上的证明材料。

③经省农业厅考核合格的菌种检验人员1名以上、生产技术人员2名以上的资格证明。

④仪器设备和设施清单及产权证明，主要仪器设备的照片（原种生产所需相应的灭菌、接种、培养、贮存等设备与相应的质量检验仪器、设施），这些仪器设备和设施应符合农业部《食用菌菌种生产技术规程》要求。

⑤原种生产经营场所照片及产权证明（原种生产所需相应的灭菌、接种、培养、贮存和质量检验的场所），这些

场所环境卫生及其他条件应符合农业部《食用菌菌种生产技术规程》要求。

⑥品种特性介绍：温型、适应基质、栽培方式、生物转化率、产品形态等。

⑦菌种生产经营质量保证制度。

审批程序：由县级农业行政主管部门审核，由省农业厅审批，报农业部备案。具体程序为县级农业行政主管部门受理原种生产经营许可申请后，可以组织专家进行实地考查；应当自受理申请之日起20日内签署审核意见，不符合条件的，应书面通知申请人并说明理由；符合条件的，报省农业厅审批。省农业厅自收到审核意见之日起20日内完成审批，符合条件的，发给生产经营许可证，并报农业部备案；不符合条件的，书面通知申请人并说明理由。

3. 申请栽培种生产经营许可证

申请材料：申请栽培种食用菌菌种生产经营许可证，应向所在地县级农业行政主管部门提交下列材料。

①食用菌菌种生产经营许可证申请表。

②注册资本10万元以上的证明材料。

③经省农业厅考核合格的菌种检验人员1名以上、生产技术人员1名以上的资格证明。

④仪器设备和设施清单及产权证明，主要仪器设备的照片（栽培种生产所需相应的灭菌、接种、培养、贮存等设备与必要的质量检验仪器、设施），这些仪器设备和设施应符合农业部《食用菌菌种生产技术规程》要求。

⑤栽培种生产经营场所照片及产权证明（栽培种生产所需必要的灭菌、接种、培养、贮存和质量检验的场所），这些场所环境卫生及其他条件应符合农业部《食用菌菌种

生产技术规程》要求。

⑥品种特性介绍：温型、适应基质、栽培方式、生物转化率、产品形态等。

⑦菌种生产经营质量保证制度。

审批程序：由县级农业行政主管部门审核，报农业部备案。具体程序为县级农业行政主管部门受理栽培种生产经营许可申请后，可以组织专家进行实地考查，但应当自受理申请之日起20日内完成审批。符合条件的，发给生产经营许可证，并报农业部备案；不符合条件的，书面通知申请人并说明理由。

二、标准化菌种设置与工艺流程

1. 菌种厂合理布局

羊肚菌制种成功的关键，除取决于高纯度的优良种源外，还要求整个制种过程中杜绝其他微生物的侵入污染。为此，菌种厂的设计要立足长远，全面规划，既要符合科学要求，又要因地制宜讲究实用。

(1) 选址建厂原则

规范菌种厂要求达到以下标准。

远离污染源：菌种厂要远离禽舍、畜厩、仓库、生活区、垃圾场、粪便场、厕所、粉尘量大的工厂（水泥厂、砖瓦厂、石灰厂、木材加工厂等），其最小距离为300米。菌种厂坐落地势高，四周空阔，无杂草丛，通风好，空气清新之处。

严格划界分区：按照微生物传播规律，严格划分带菌区和无菌区，两区之间拉大距离。原料、晒场、配料、装料等带菌场，应位于风向下游西北面。灭菌、冷却、接种、培养各无菌场所，应为风向上游东南面。办公室、出菇试验检测、生活等场所，也应设在下游。

流水作业顺畅：菌种厂布局结合地形、方位，科学设计，结构合理，按生产工艺流程，形成流水作业，走向顺畅，防止交错、混乱。

（2）合理布局

菌种的分离纯化和培养，对菌种厂的要求比较严格。一个专业的菌种厂，设计时尽量做到各个工序的专用房间一条龙，能够形成流水作业，以便节省劳动力，提高工作效率，并利于控制杂菌传播。规范化菌种厂合理布局见图4-1。

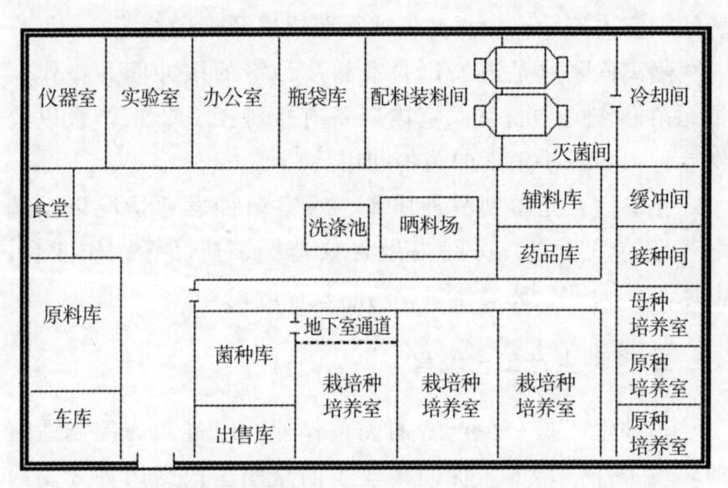

图 4-1　规范化菌种厂科学布局示意图

（3）生产与设施对应

每天羊肚菌菌种的生产量应与冷却室、接种室、培养室的面积相对应。根据实践经验，一般每天菌种生产量同冷却室、接种室和培养室的比例大约为500∶5∶1∶36，即每天生产量为2000瓶（袋）的菌种厂，冷却室约需20米^2，接种室4米^2，培养室为144米^2。培养室内应具备培养架，培养架占地面积为培养室总面积的65%。

（4）作业间功能与要求

各个间室的作用不同，必备相应工具。

清洗室：是洗刷菌种瓶和其他用具的作业间。室内应有下水道、清洗池、刷瓶工具等。

配料分装室：是配制菌种培养基和装瓶的操作间。室内要有配料操作台、拌料机或手工拌料的大号盆及其他拌料、装料机械和用具。

消毒室：是对培养基和其他用具进行消毒灭菌处理的房间。室内安放高压灭菌器或灭菌锅以及干燥箱等。

隔离间：这是进入化验室和接种室的缓冲间和操作人员无菌操作的预备室。室内应备有接种工具、工作服以及供接种人员双手消毒的药物和用具。

化验室：是鉴别菌种质量、观察菌种发育情况以及调配药品的作业室。房间内设置仪器橱、药品橱、作业台、电冰箱、天平、玻璃器皿、药品及显微镜等。

2. 菌种生产工艺流程

菌种生产是一种严格的无菌作业，通过人为控制适宜的环境条件下培养，促使菌丝不断繁殖。根据菌种3个级别培养程序和生产技术规范，形成了一套生产工艺流程。见图4-2。

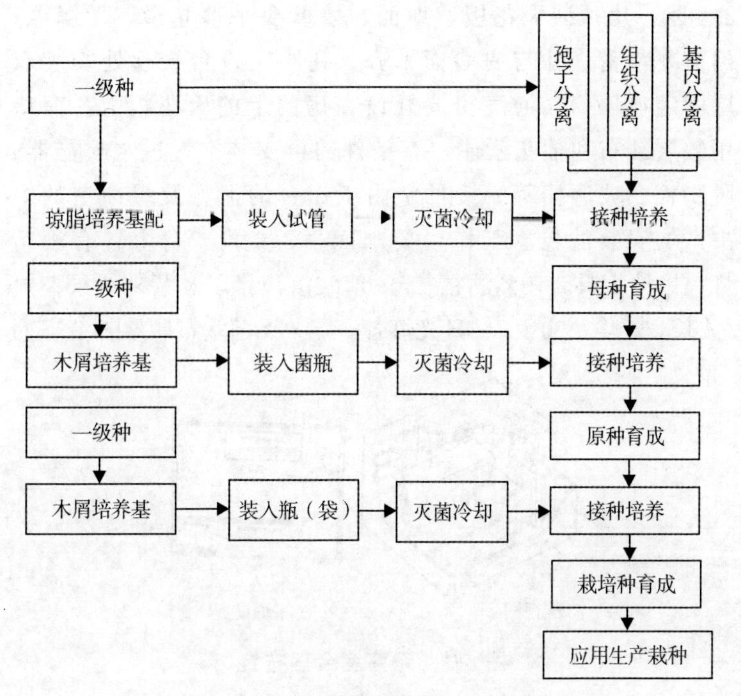

图 4-2　三级菌种生产工艺流程

三、菌种厂绿色规范化设施

1. 无菌特殊设施

无菌设施是羊肚菌菌种生产中的特殊需要，主要用于菌种分离与接种，要求十分严格。

（1）无菌室

无菌室又叫接种室，是菌种分离和接种的专门房间。其结构分为内外两间，外间为缓冲室，面积约 5 米^2，高约

2.5 米。房顶装天花板，地面、墙壁要平整光滑，无缝隙；门窗要紧密，并与内墙面平齐。在距工作台最远处安装双层固定玻璃窗。通气窗要开设在房门上的天花板上，窗口用数层纱布和棉花蒙住，有条件的可安装空气过水喷雾器、脱脂棉、玻璃棒等。接种室内工作台的上方及缓冲室的中央，均安装滤器。工作台要求面平、光滑，台上置有酒精灯、接种工具、70％酒精、5％苯酸溶液，以及紫外线灭菌灯（波长 253 埃，30 瓦）、日光灯各一盏。无菌室布局见图 4-3。

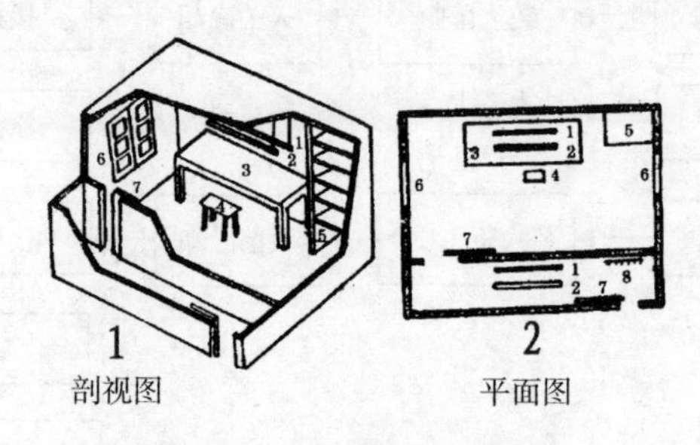

图 4-3　无菌室合理布置

1. 紫外线灭菌灯　2. 日光灯　3. 工作台　4. 凳子　5. 瓶架　6. 窗　7. 拉门　8. 衣帽钩

（2）接种箱

常采用木制结构，规格有单人式和双人式。箱内安装 20 瓦日光灯和 30 瓦紫外线灯各 1 盏，开关和起辉器安装于接种箱外。尽量减少电源在箱内的布线，以减少灰尘沾染。接种箱见图 4-4。

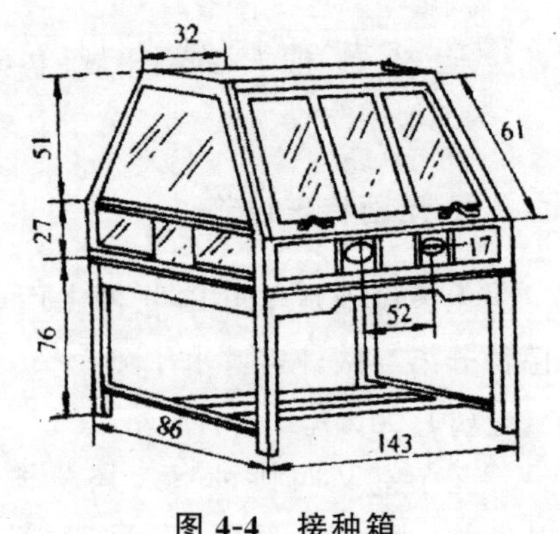

图 4-4　接种箱

(3) 超净工作台

超净工作台是一种局部净化空气的装置，通过净化技术，可使一定工作区的空间达到相对无尘、无菌状态。超净工作台按其气流方向分为水平层流式与垂直层流式两种。其结构由箱体和操作区配电系统等组成。其中箱体包括负压箱、风机、静压箱、预过滤器、高效空气过滤器以及减震、消毒等部分。在炎热的夏季工作时，可使接种人员感到凉爽舒适。超净工作台见图 4-5。

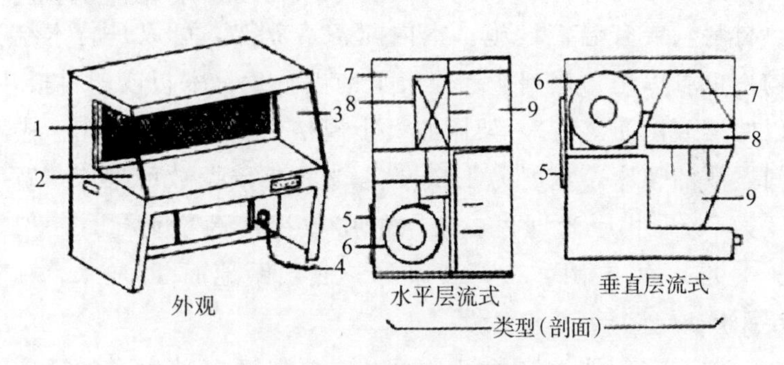

图 4-5 超净工作台

1. 高效过滤器 2. 工作台面 3. 侧玻璃 4. 电源 5. 预过滤器 6. 风机 7. 静压箱 8. 高效过滤器 9. 操作区

2. 杀菌与消毒设置

菌种接种过程，要在无菌条件下进行，因此必备杀菌和消毒用品。

(1) 紫外线杀菌

紫外线主要用于接种箱（室）的杀菌，是一种短波光线，波长范围 136～390 纳米，其中 200～280 纳米具有杀菌作用，260～280 纳米杀菌力较强，265 纳米杀菌力最强，是常用的杀菌工具。

(2) 常用消毒用品

在菌种生产中接种箱（室）和菌种培养室等均需严格消毒，常用消毒用品有酒精、升汞、甲醛（福尔马林）、高锰酸钾、气雾消毒剂、石灰、硫黄、漂白粉等。

3. 菌种培养设施

(1) 菌种培养室

菌种培养室要求保温恒温性能好，墙壁要厚，加贴隔热材料，要有温控设施。室内配备培养架，可以是竹木结构，也可以用角钢制作。层架上铺以竹片、木板或塑料板，以便摆放菌瓶（袋）。架床的大小规格依房间大小而定。中间摆放的架床，宽度为1.2～1.4米；靠墙摆放的架床，宽度为70～90厘米即可。架子的层数视房高度而定，一般5～6层，每层相距50～70厘米，底层距地面30厘米，顶层距屋顶至少1米。

培养室条件控制关键是温度，要保证菌种生产的适宜温度。冬季加温时，应围绕热源散热均匀，温度能达到自动控制的目的。夏季温度较高，常用的降温设备是空调，大规模生产菌种应购置定时定温自动控温调温制冷机，以满足菌种生长的需要。

菌种培养不需光线，培养室内仅需要安装一盏照明用的红灯和1～2盏可移动手持工作灯，以乳白灯泡为优。

(2) 电热恒温培养箱

电热恒温培养箱，又称培养恒温箱，在制作母种和少量原种接种时，一般采用电热恒温箱培养。见图4-6。

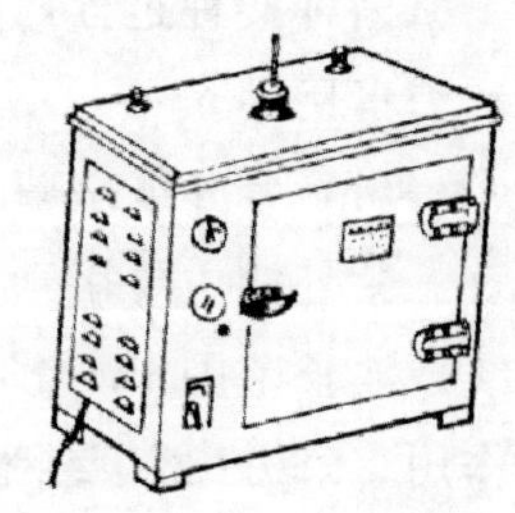

图4-6 恒温培养箱

（3）菌种培养料装载容器

装载菌种培养料的容器主要有试管、菌种瓶、菌种袋、套环。套环口最好选用无棉盖体，由海绵盖代替棉花塞，能够防潮，透气性好，可以多次使用。

4. 菌种检测仪器

菌种分离培育的检测手段，有赖于现代精密仪器来观察检验测定，下面介绍几种检测器材。

（1）显微镜

显微镜是精密的光学仪器，在菌种生产中常用于观察菌丝形态、细胞核、锁状联合、孢子及某些病害的鉴别等。显微镜结构见图 4-7。

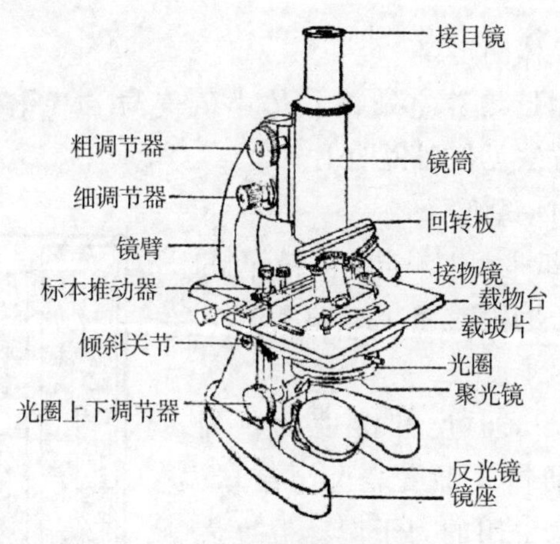

图 4-7　显微镜结构

（2）测光仪

测光仪是测定培养室或出菇试验菇棚光线强度的仪器。目前常用的是北京师范大学光电仪器厂生产的 ST 型照度计。见图 4-8。

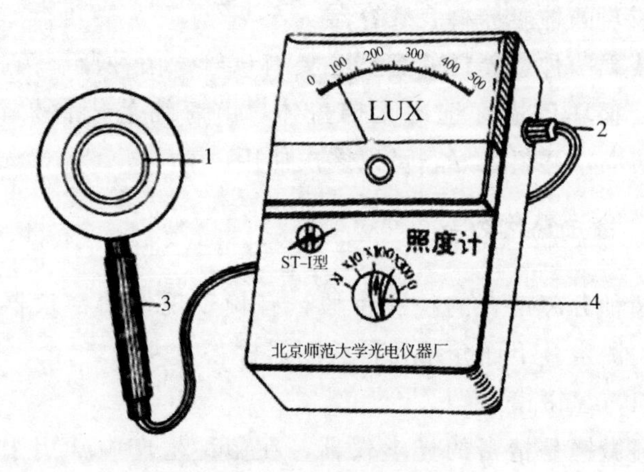

图 4-8　ST 型照度计

1. 光电头　2. 光电插孔　3. 光电头手柄　4. 量程开关

(3) 气体测定仪

这是测量培养室及菌丝体中氧气与二氧化碳的仪器。具体使用方法见仪器说明书。

(4) pH 试纸

pH 试纸是用来测定培养料配制时的酸碱度。食用菌一般用广谱测试。

(5) 温湿度表

这是测试温度和湿度的仪器，主要有普通棒式温度表及干湿球温度表两种。常用的为干湿球温度表。见图 4-9。

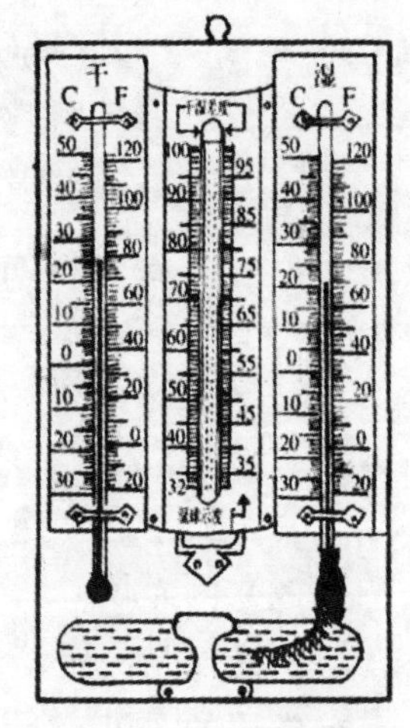

图 4-9　干湿球温度表

5. 实验室配备工具

(1) 孢子采集器

这是采收孢子的一种专用装置。

由有孔钟罩、搪瓷盘、培养皿、不锈钢丝支架和纱布等组成。先在搪瓷盘内铺一块纱布，上置一副 9 厘米直径的培养皿。皿盖倒放在下，皿底在上，皿底内放钢丝支架，再罩上钟罩。罩孔事先用 4 层纱布包扎好，最后将整个装置用一块大纱布包好，经灭菌后即可用于采收孢子。

（2）培养皿

玻璃平皿和三角烧瓶，用于制备平板培养基菌种分离、检测、画线等。三角烧瓶常用的规格为 200 毫升、300 毫升、1000 毫升 3 种。

（3）量杯或量筒

在配制培养基时，用于计量液体的体积，常用规格为 200 毫升、500 毫升、1000 毫升 3 种。

（4）漏斗

用于过滤或分装培养基，通常以口径 300 毫米左右的玻璃漏斗为好。

（5）铝锅及电炉

用于加热溶解琼脂，调制 PDA 培养基。

（6）铁丝试管笼

用于装玻璃试管培养基，进行灭菌消毒等。一般为铁丝制成的篮子，直径为 22 厘米，高 20 厘米。

（7）电热干燥箱

用于测定试样含水量及玻璃器皿加热干燥消毒。

（8）接种工具

应选用不锈钢制品，分别有接种铲、接种刀、接种耙、接种环、接种钩、接种匙、弹簧接种器、镊子。见图 4-10。

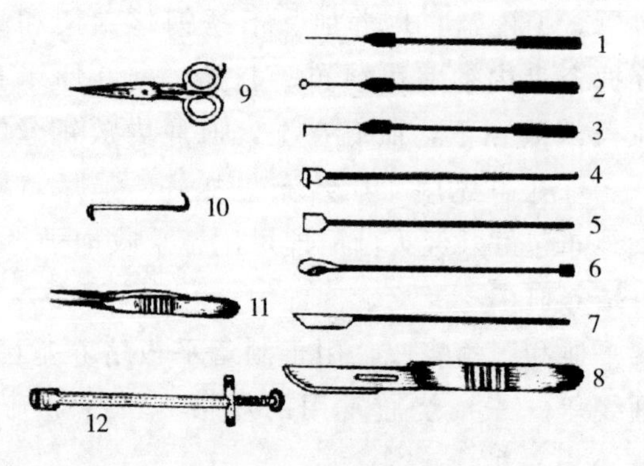

图 4-10 接种工具

1. 接种针 2. 接种环 3. 接种钩 4. 接种锄 5. 接种铲 6. 接种匙 7、8. 接种刀 9. 剪刀 10. 钢钩 11. 镊子 12. 弹簧接种器

（9）天平

用于称量各种试验品和培养料。

（10）酒精灯

用于接种工具的灭菌消毒及菌种过酒精灯火焰区灭菌操作。

（11）吸管

用于吸收孢子液的玻璃管，上有刻度，常用规格 0.5 毫升、1 毫升、5 毫升和 10 毫升 4 种。

（12）棉花纱布

大量棉花用作试管口棉塞和菌种瓶口棉塞。脱脂棉花用于接种时蘸酒精的棉球和试管口棉塞，原种和栽培种可选用低档次棉花制成棉塞，成本低些。

（13）其他

解剖刀、镊子、剪刀、止水夹、胶布等，以及玻璃蜡笔、打火机、记录本等也是菌种生产所必备的。

四、羊肚菌菌种特性与分级

1. 菌种繁殖方式

羊肚菌在野外自然状态下，繁殖方式是靠子实体成熟后，产生大量的有性孢子来繁殖下一代。其子实体是特异化的菌丝体，其生命力和再生能力非常强，具有无性生殖的性能。利用羊肚菌的子实体通过组织分离获得菌丝，在培养基中使其恢复到菌丝发育阶段，变成没有组织化，即尚未发生子实体的菌丝，来提取母种。然后逐步扩大繁殖培养大量菌种，用于生产。这是利用羊肚菌无性繁殖特性的一种形式，也是目前菌种生产扩大繁殖的唯一的手段。用这种方法分离培养的菌种，菌丝萌发快，遗传性稳定，抗逆性强，母系的优良品质基本上可以继承下来，便于保持原来菌种的特性。

另一种是有性繁殖，利用羊肚菌子实体上的许多不同性的孢子着落在培养基上，萌发之后产生不同性的单核菌丝，经异宗结合成双核菌丝，即为母种。有性繁殖所产生的子代，兼有双孢的遗传特性，个体生活力强，可得到高产优质的菌株。但变异性大，必须进行出菇试验，在确实可靠的情况下，才能用于生产。

2. 菌种基本级别

羊肚菌菌种分为母种、原种、栽培种3个级别。

（1）母种

用羊肚菌子实体弹射出来的孢子或子实体分离培养出来的第一次纯菌体，称为母种，也称为一级菌种。母种以试管琼脂培养基为载体，所以常称为琼脂试管母种、斜面母种。母种直接关系到原种和栽培种的品质，关系到羊肚菌的产量和品质。因此，必须认真分离，经过提纯、筛选、鉴定后方可作为母种。母种可以扩繁，增加数量。

（2）原种

把母种移接到菌种瓶内的木屑、麦麸等培养基上，所培育出来的菌丝体称为原种，又叫二级菌种。原种虽然可以用来栽培羊肚菌，但因为数量少，用于栽培成本高，必须再扩大成许多栽培种。每支试管母种可移接4～6瓶原种。

（3）栽培种

栽培种又叫生产种。即把原种再次扩繁，接种到同样的木屑培养基上，经过培育得到菌丝体，作为生产羊肚菌的栽培菌种，又叫三级菌种。栽培种的培育可以用玻璃菌种瓶，也可以用聚丙烯塑料折角袋。每瓶原种可扩繁成栽培种60瓶（袋）。

五、菌种绿色培养基精选

1. 母种培养基常见配方

母种培养基的适应性，对羊肚菌母种的分离培养有密切关系。这里收集各地科研部门经过试验筛选的几种配方，供选择性取用。

配方一：马铃薯200克，葡萄糖20克，硫酸铵2克，蛋白胨1克，硫酸镁1克，磷酸二氢钾1克，水1000毫升，pH6.5～7。（华南师范大学生物系张松等，2001）

配方二：豆芽200克（煮汁），葡萄糖20克，琼脂20克，硫酸镁0.3克，磷酸二氢钾1.5克，维生素B_1 8克，

水 1000 毫升，pH6.5。（四川绵阳食用菌研究所朱斗锡等，2008）

配方三：马铃薯 200 克，葡萄糖 20 克，磷酸二氢钾、硫酸镁各 0.3 克，维生素 B_1 10 克，水 1000 毫升，pH6～7。（陕西生物科学与工程学院李树森等，2008）

配方四：黄豆芽 200 克（煮汁），麦麸 200 克，腐殖土 100 克（悬浮液），玉米粉 50 克，蔗糖 20 克，琼脂 20 克，水 1000 毫升，pH6～7。（长白山真菌研究所王绍余，2009）

配方五：酵母膏 1 克，玉米粉 100 克，麦麸 30 克，蔗糖 20 克，磷酸二氢钾 1 克，硫酸镁 1 克，琼脂 20 克，水 1000 毫升，pH 自然。（沈阳大学农学系杨绍彬等，2009）

配方六：黄豆芽 500 克，白糖 20 克，琼脂 20 克，羊肚菌基脚土 50 克。（吉林农垦特产高等专科学校唐玉芹等，2009）

配方七：麦芽膏 10 克，葡萄糖 10 克，酵母粉 4 克，琼脂 20 克，羊粪 20 克。（四川农科院王波，2012）

配方八：马铃薯 200 克，葡萄糖 20 克，琼脂 20 克，磷酸二氢钾 1 克，麦麸 30 克。（甘肃省定西理工中等学校冉永红，2017）

2. 母种基质配方关注点

从各地科研部门对羊肚菌母种培养基的试验表明，培养基配方选择时，基质应强调以下 3 点。

（1）避免营养成分单一化

羊肚菌母种培养基最好采用黄豆芽、玉米粉、麦麸、蔗糖、苹果汁等多种营养成分配成的综合培养基，不能使用 PDA 培养基，避免营养成分单一化。从许多单位试验明显表示 PDA 培养基的母种菌丝日长速度，比黄豆芽培养基慢2倍；而且菌丝长势细弱，菌丝干重量也相差1.2倍。

（2）C/N比要恰到好处

羊肚菌菌丝生长需要较高的氮源，一般菇类菌丝营养生长C/N以20∶1为宜，生殖阶段30∶1适于出菇。而羊肚菌菌丝营养生长阶段C/N以(20～25)∶1为适。

（3）添加剂必要性

培养基配方应添加磷酸二氢钾缓冲剂和硫酸镁调节剂，有效促进细胞代谢，尤其是用野生羊肚菌采收后的基部腐殖土制成悬浮液效果更佳。这种悬浮液含有适于羊肚菌菌丝生长的微量元素和刺激物。

3. 应用电脑设计培养基配方

随着食用菌科研工作的深入开展，菌种培养基配方设计已进入电子计算机程序。利用电脑进行培养基的配方设计，可以解决数值不精确、费时间等问题。现将浙江省庆元县高级职业中学吴继勇等研究的成果进行介绍。该配方系统设计科学，操作简便，即使是初接触电脑者，也能完成配方设计。现将设计描述如下。

（1）设计系统

①数据维护：在系统提供的数据上，用户可以根据刚得到的资料，进行增、删、改。

②配方设计：用户只需输入一些数据，系统自动完成中间的一切运算，使结果显示在屏幕上，或从打印机输出。可以设计母种、原种、栽培种的配方，还可以核算配方的成本等。

③编辑功能：用户可对系统内部配方进行编辑。如主料的数量和辅料的数量都可自动增加。

④查询功能：通过该功能，用户可以查询系统贮存的

数据资料，包括以往设计的配方。

（2）操作步骤

第一步确定目标：首先确定进行何种预算（生产成本、生产数量、标准配方等）。

第二步选择名称：选择菌种品名、主料名称等，仅需用键盘在屏幕上选择。

第三步提供资料：如果进行生产成本预算，还需输入各原料的单价；如果进行生产数量预算，除输入原料单价外，还需输入目标成本。

第四步输入单价：对石膏粉、蔗糖等辅料的数量，系统会自动加进去，用户仅需输入单价。按上述步骤操作后，如果输入数值正确，则在屏幕上显示最终结果，或从打印机输出。否则，提示用户重新操作。

六、羊肚菌母种规范化分离技术

1. 母种培养基制作

按照上述母种培养基配方选择性取用。配制时先将马铃薯洗净去皮（已发芽的要挖掉芽眼），称取 250 克切成薄片，置于铝锅中加水煮沸 30 分钟，捞起用 4 层纱布过滤取汁；再称取琼脂 20 克，用剪刀剪碎后加入马铃薯汁液内，继续加热，并用竹筷不断搅拌，使琼脂全部溶化；然后加水 1000 毫升，再加入葡萄糖，稍煮几分钟后，用 4 层纱布过滤 1 次，并调节酸碱度至 pH6～7；最后趁热分装入试管内，装量为试管长 1/5，管口塞上棉塞，立放于试管笼上。分装时，应注意不要使培养基粘在试管口和管壁上，以免发生杂菌感染。

玉米培养基配制时先把玉米粉调成糊状，再加入1000毫升水，搅拌均匀后，文火煮沸20分钟，用纱布过滤取汁。再加入琼脂、葡萄糖等，待全部溶化后，调节pH值至6～7，然后分装入试管内，塞好管口棉塞。母种培养基灭菌时灭菌锅压力0.11～0.12兆帕，时间30分钟，卸锅后趁热排成斜面。琼脂斜面培养基配制工艺流程如图4-11。

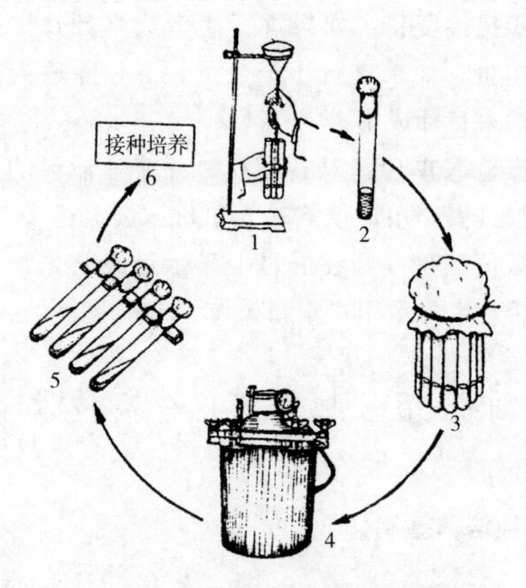

图4-11　琼脂斜面培养基制作流程

1. 分装试管　2. 塞棉塞　3. 打捆　4. 灭菌　5. 排成斜面　6. 接种培养

2. 标准种菇选择

作为羊肚菌母种分离的种菇，可从野生和人工栽培的群体中采集。野外采集标本时，必须注意生态环境，特别是植被和植物群落组成；了解生存独特环境基质，采集地的气温、湿度、光照强度等，为驯化提供原始参考资料。各地科研部门对羊肚菌菌种驯化已取得成效，许多菌株已通过人工大面积栽培，成为定型的速生高产菌株。

现有羊肚菌大部分是从人工栽培中选择种菇。标准的种菇应具备以下条件及工序。

（1）种性稳定

经大面积栽培证明，普获高产优质，且尚未发现种性变异或偶变现象的菌株。

（2）生活力强

菌丝生长旺盛，出菇快，长势好；菇柄大小长短适中，七八成熟，未开伞；基质子实体无发生病害。

（3）确定季节

种菇以春秋产季菇体为好。

（4）成熟程度

通常以子实体伸展正常，略有弹性强时采集。此时若在种菇的底部铺上一张塑料薄膜，一天后用手抚摸，有滑腻的感觉，这就是已弹射担孢子。

（5）必要考验

采集室内栽培的子实体，还必须在群体中将被选带有子实体的菌袋，搬到环境适宜的野外，让其适应自然环境，考验1～2天后取回。

（6）入选编号

确定被选的种菇，适时采集1～2朵，编上号码，作为分离的种菇，并标记原菌株代号。

3. 母种分离操作技术

羊肚菌母种分离方法有以下几种。

（1）孢子分离法

羊肚菌子实体成熟时，会弹射出大量孢子。孢子萌发成菌丝后培育成母种。孢子的采集操作技术如下。

分离前消毒：采集的种菇表面可能带有杂菌，可用75％的酒精擦洗 2～3 遍，然后再用无菌水冲洗数次，用无菌纱布吸干表面水分。分离前还要进行器皿的消毒，把烧杯、玻璃罩、培养皿、剪刀、不锈钢钩、接种针、镊子、无菌水、纱布等，一起置于高压灭菌器内灭菌。然后连同酒精灯和 75％酒精或 0.1％升汞溶液，以及装有经过灭菌的琼脂培养基的三角瓶、试管、种菇等，放入接种箱或接种室内进行一次消毒。

孢子采集：具体可分整朵插种菇、三角瓶钩悬和试管琼脂培养基贴附种菇等方法。操作时要求在无菌条件下进行。

①整菇插种法：在接种箱中，将经消毒处理的整朵种菇插入无菌孢子收集器里。再将孢子收集器置于适温下，让其自然弹射孢子。

②三角瓶钩悬法：将消毒过的种菇，用剪刀剪取拇指大小的菇盖，挂在钢钩上，迅速移入装有培养基的三角瓶内。菇盖距离培养基 2～3 厘米，不可接触瓶壁，随手把棉塞塞入瓶口。为了便于筛选，一次可以多挂几个瓶子。

③试管贴附法：取一支试管，将消毒过的种菇剪取 3 厘米，往管内推进约 3 厘米，贴附在管内斜面培养基表面，管口塞好棉塞，保持棉塞与种菇间距 1 厘米。也可以将种菇片贴附在经灭菌冷却的木屑培养基上，让菇块孢子自然散落在基料上。孢子采集见图 4-12。

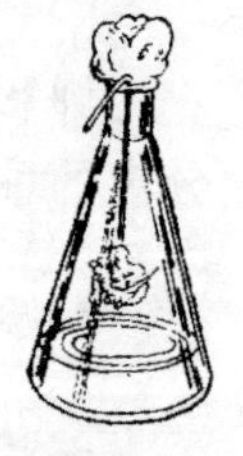

图 4-12　孢子收集

1. 整朵插菇法　2. 钩悬法

（2）组织分离

组织分离法属无性繁殖法。它是利用羊肚菌子实体的组织块，在适宜的培养基和生长条件下分离、培育纯菌丝的一种简便方法，具有较强的再生能力和保持亲本种性的能力。这种分离法操作容易，不易发生变异。但如果菇体染病，用此法得到的菌丝容易退化；若种菇太大、太老，此法得到的菌丝成活率也很低。组织分离方法见图 4-13。

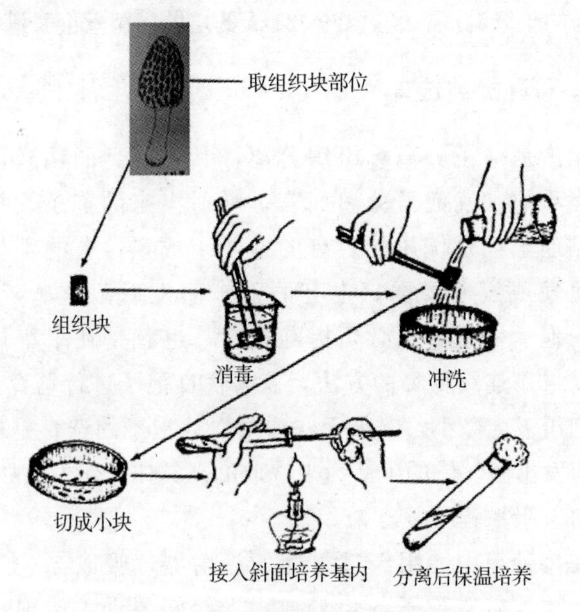

图 4-13　羊肚菌组织分离操作程序

组织分离操作技术规程如下。

①菇体消毒：切去菇体基部的杂质，放入 0.1%升汞溶液中浸泡 1～2 分钟，取出用无菌水冲洗 2～3 次，再用无菌纱布擦干。

②切取种块：将经过处理的种菇及分离时用的器具，同时放入接种箱内，取一玻璃器皿，将 3～5 克高锰酸钾放入其中，再倒入 8～10 毫升甲醛，熏蒸半小时后进行操作。或用气雾消毒剂灭菌。然后用手术刀把种菇纵剖为两半，

在菌盖和菌柄连接处用刀切成3毫米见方的组织块，用接种针挑取，并迅速放入试管中，立即塞好棉塞。

③接种培养：将接入组织块的试管，立即放入恒温箱中，在16～20℃条件下培养3～5天，长出白色菌丝。10天后通过筛选，挑出发育快的试管继续培养。对染有杂菌和长势弱的予以淘汰。经过20～24天的培养，菌丝会长满管。

4. 母种提纯选育

无论是孢子分离、组织分离，其所得到的菌丝，并不都是优质的。就孢子分离而言，弹射出来的孢子，并不是每一颗孢子都是优质的。有的孢子未成熟，有的生长畸形不能萌发或发萌力弱，也有的孢子萌发后菌丝蔓延困难。因此，孢子采集后还必须提纯选育，也就是在采集许多孢子后，再用连续稀释的方法，获得优良孢子进行培育。

孢子极为微小，肉眼无法看清。故孢子的选育是根据密度及萌发出菌丝体的生活力来选取的。具体操作方法如下。

（1）吸取孢子悬浮液

在接种箱内，用经过灭菌的注射器，吸取5毫升的无菌水，注入盛有孢子的培养皿内，轻轻搅动，使孢子均匀地悬浮于水中，即成孢子悬浮液。

（2）孢子稀释

将注射器插上长针头，吸入孢子悬浮液，让针头朝上，静放几分钟，使饱满的孢子沉于注射器的下部，推去上部的悬浮液，吸入无菌水将孢子稀释。

（3）接入培养基斜面

把装有培养基的试管棉塞拔松，针头从试管壁处插入，注入孢子悬浮液1～2滴，使其顺培养基斜面流下，再抽出针头，塞紧棉塞，转动试管，使孢子悬浮液均匀分布于培养基表面。

（4）育成母种

接种后将试管移入恒温箱内培养，在16～20℃下培养6～10天，即可看到白色绒毛状的菌丝分布在培养基上面，走满管经检查后即为母代母种。

组织分离所得的菌丝萌发后，通过认真观察选择色白、健壮、走势正常、无间断的菌丝，在接种箱内钩取纯菌丝，连同培养基接入试管培养基上，在16～20℃恒温条件下培育6～10天，菌丝走满管后也就是母代母种。

5. 母种转管扩接

无论自己分离获得的母种，或是从制种单位引进的母种，直接用作栽培种，不但成本高、不经济，且因数量有限，不能满足生产上的需求。因此，一般对分离获得的一代母种，都要进行扩大繁殖。即选择菌丝粗壮、生长旺盛、颜色纯正、无感染杂菌的试管母种，进行转管扩接，以增加母种数量。一般每支一代母种可扩接成5～6支。但转管次数不应过多，因为转管次数太多，菌种长期处于营养生理状态，生命繁衍受到抑制，势必导致菌丝活力下降，营养生长期缩短，子实体变小，片薄，朵小，影响产量和品质。因此母种转管扩接，一般最多不超过5次。

母种转管扩接无菌操作技术规程如下。

（1）涂擦消毒

将双手和菌种试管外壁用75%酒精棉球涂擦。

（2）合理握管

将菌种和斜面培养基的两支试管用拇指和其他4指握在左手中，使中指位于两试管之间，斜面向上，并使它们呈水平位置。

（3）松动棉塞

先将棉塞用右手拧转松动，以利接种时拔出。右手拿接种针，将棉塞在接种时可能进入试管的部分，全部用火灼烧过。

（4）管口灼烧

用右手小指、无名指和手掌拔掉棉塞、夹住。靠手腕的动作不断转动试管口，并通过酒精灯火焰。

（5）按步接种

将烧过的接种针伸入试管内，先接触没有长菌丝的培养基上，使其冷却；然后将接种针轻轻接触菌种，挑取少许菌种，即抽出试管，注意菌种块勿碰到管壁；再将接种针上的菌种迅速通过酒精灯火焰区上方，伸进另一支试管，把菌种接入试管的培养基中央。

（6）回塞管口

菌种接入后，灼烧管口，并在火焰上方将棉塞塞好。塞棉时不要用试管去迎棉塞，以免试管在移动时吸入不净空气。

（7）操作敏捷

接种整个过程应迅速、准确。最后将接好的试管贴上标签，送进培养箱内培养。

母种转管扩接无菌操作方法见图4-14。

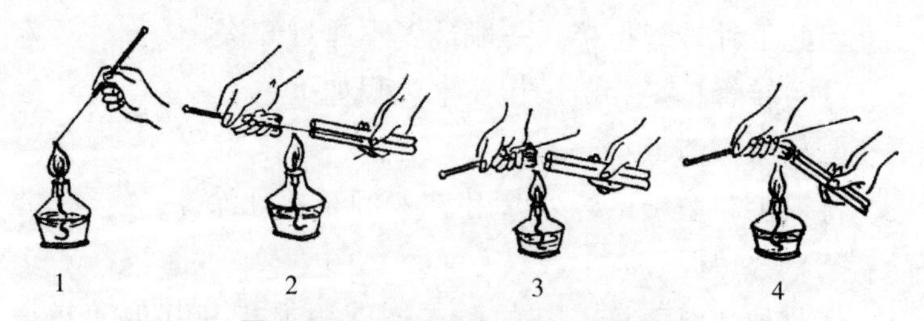

图4-14　母种转管扩接灭菌操作

1. 接种针消毒　2. 无菌区接种　3. 棉塞管口消毒　4. 棉塞封口

6. 母种育成与检验

扩接后的母种，置于恒温箱或培养室内培养，在16～20℃恒温环境下，一般培养6～10天，菌丝走满管，经检查剔除长势不良或污染等不合格外，即成母种。无论是引进的母种或自己扩管扩接育成的母种，一定要经过检验，检验内容见表4-1。

表4-1 羊肚菌母种质量检验内容

检验项目	菌种性状表现
感观测定	肉眼观察斜面菌丝，若长势均匀、健壮有力，无间断节裂，无杂菌污染，则表明菌丝生长良好
抗逆力测定	将母种接在斜面培养基上，置于16～20℃下培养5天，再移入23～30℃高温下培养3小时，再放到适温26℃下培养，若菌丝仍生长旺盛、健壮的为优良菌种
长速测定	母种接斜面培养基上，在16～20℃下培养8～10天长满管，则为长速正常
吃料能力测定	将母种接入木屑菌种培养基上，在20℃下培养24小时定植，3天菌种块周围菌丝开始恢复萌发新菌丝吃料定植，7天向料中间伸展基本覆盖，则为吃料力强的母种
出菇试验	出菇试验是鉴定母种质量的一项重要试验。将母种接入木屑或棉籽壳培养基中，置于20℃下培养。待菌丝长满袋后，移入出菇房棚内覆土，并调节好温、湿、气、光生态环境，观察出菇情况。若出菇早、出菇率高、子实体达到本品要求，则为优良母种

七、原种绿色规范化制作技术

1. 原种生产季节

羊肚菌原种制作时间，应按当地所确定栽培袋接种日期为界线，提前 40 天左右开始制作原种。菌种时令性强，如菌种跟不上，推迟供种，影响产菇佳期；若菌种生产太早，栽培季不适应，放置时间拖长，引起菌种老化，也导致减产或推迟出菇，影响经济效益。

2. 培养基制作

（1）培养基配方

羊肚菌原种与栽培种这两个级别菌种的培养基配方可以通用。各地在这方面进行了筛选，常见配方有以下几种。

配方一：栎树木屑 50%，棉籽壳 30%，麦麸皮 15%，白糖、石膏、过磷酸钙各 1%，羊肚菌基脚土 2%。（丛桂芹，2009）

配方二：杂木屑 70%，小麦 10%，腐殖土 10%，生石灰 1%，石膏 2%，磷酸二氢钾 0.1 %。（冉永红，2017）

配方三：杂木屑 75%，黄豆粉 5%，麦麸 10%，玉米粉 5%，石膏 1%，白糖 1%，过磷酸钙各 1%，林下腐殖质土 2%，pH 值自然。采用这种培养基，羊肚菌菌丝生长健壮，22 天长满瓶。（杨绍斌等，1998）

配方四：棉籽壳 70%，玉米芯 20%，麦麸 5%，羊肚菌渣 2%，葡萄糖 1%，石灰 1%，过磷酸钙 1%，维生素 B_1 10 毫克/千克。（李素玲等，2000）

配方五：杂木屑75%，麦麸20%，蔗糖1%，石膏1%，腐殖质土2%，过磷酸钙1%，pH6.5～7。(刘蓓等，2010)

配方六：杂木屑26%，小麦粒26%，谷壳25%，米糠20%，蔗糖1%，磷肥1%，石膏粉1%，含水量65%左右。(王波，2005)

(2) 菌瓶选择

菌种瓶是原种生产用的专业容器，适合菌丝生长，也便于观察。采用规格650～750毫升，耐126℃高温的无色或近无色玻璃菌种瓶，或采用耐126℃高温的白色半透明、符合GB9678规定的塑料菌种瓶。其特点是瓶口大小适宜，利于通气又不易污染。使用菌种瓶生产原种，可以使用漏斗装料提高生产效率，同时瓶口不会附着培养基，有利于减少污染。

(3) 装料步骤

装料可按下列程序进行操作，见图4-15。

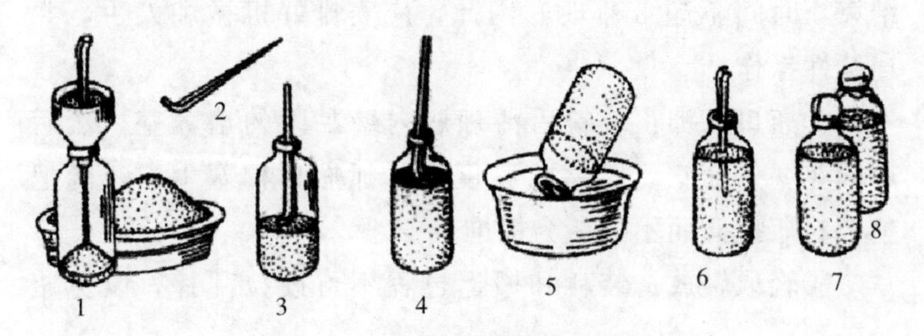

图4-15　原种培养料装瓶程序

1. 装瓶　2. 捣木　3. 装料　4. 压平　5. 清洗瓶口、瓶壁　6. 打洞　7. 塞棉塞　8. 牛皮纸包扎

瓶塞可以阻碍微生物入侵，增加透气性，有利于菌丝生长。瓶塞要求使用梳棉，不使用脱脂棉；也可以使用能满足滤菌和透气要求的无棉塑料盖代替棉塞。

（4）装料方法

培养料填装要区别不同类型的基质。装瓶时上部要压实些，下部可稍松一些；木屑、玉米芯粉轻轻挤压，以外观能看到颗料间稍有微小间隙为度；颗粒较大的培养料，则要用力反复挤压，使培养料之间没有空隙，以利菌丝的连接。装料量为培养料上表面距瓶口50毫米±5毫米。最后，在培养料表面中央位置从上到底用打孔棒打一洞，以增加培养料中氧气，促进菌丝生长。

（5）技术要求

无论是机装或手工装料，要求做到“五达标”。

①松紧适中：装料后松紧度适中，从外观看菌瓶四周瓶壁与料紧贴，不出现间断、裂痕；手提瓶口倒置后，以培养料不倒出为度。

②不超时限：培养料装入瓶内，由于不透气，料温上升极快，为了防止培养基发酵，装料要抢时间，从开始到结束，时间不超3小时。因此，应安排好机械和人手，并连续性操作。

③瓶口塞棉：装料后清理瓶内壁黏附的培养基，然后用棉花塞好瓶口。棉塞松紧度以手抓瓶口棉塞上方，能把整个料瓶提升而不掉瓶为标准。

④轻取轻放：装料和搬运过程不可硬拉乱摔，以免瓶壁破裂。

⑤日料日清：培养料的装量要与灭菌设备的吞吐量相衔接，做到当日配料当日全部装完，避免配料过多，剩余培养料酸败变质。

3. 培养基灭菌

原种培养基装瓶后进入灭菌环节，其灭菌要求比较严格，为确保成品率，必须强调采用高压灭菌锅进行灭菌。高压蒸汽灭菌是利用密闭耐压容器，通过增加蒸汽压力、提高蒸汽温度把潜存在培养料中的各种微生物杀灭致死。灭菌锅温度与压力关系见表 4-2。

表 4-2　高压蒸汽灭菌锅中温度与压力的关系

压力[兆帕(千克/厘米^2)]	温度(℃)	压力[兆帕(千克/厘米^2)]	温度(℃)
0.007(0.07)	102.3	0.090(0.914)	119.1
0.014(0.141)	104.2	0.095(0.984)	120.2
0.021(0.211)	105.7	0.103(1.055)	121.3
0.028(0.281)	107.3	0.110(1.120)	122.4
0.035(0.352)	108.8	0.117(1.195)	123.3
0.041(0.422)	109.3	0.124(1.266)	124.3
0.048(0.492)	111.7	0.138(1.406)	127.2
0.052(0.563)	113.0	0.152(1.547)	128.1
0.062(0.633)	114.3	0.165(1.687)	129.3
0.069(0.703)	115.6	0.179(1.829)	131.5
0.073(0.744)	116.8	0.193(1.970)	133.1
0.083(0.844)	118.0	0.207(2.110)	134.6

高压锅灭菌工艺流程见图 4-16。

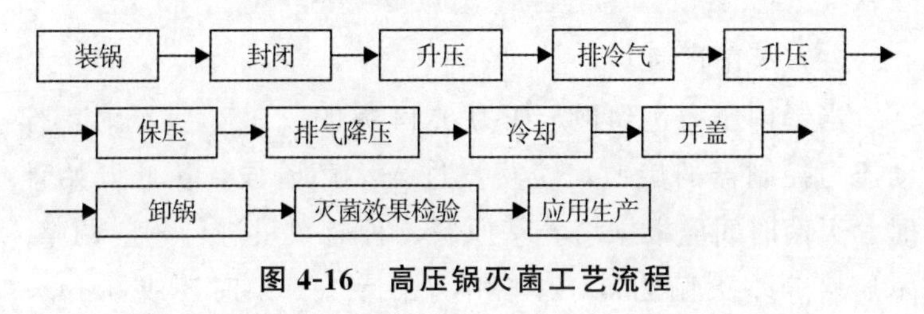

图 4-16　高压锅灭菌工艺流程

为确保高压灭菌达到灭菌效果，必须严格执行操作技术规范，具体如下。

（1）装瓶入锅

装锅时将原种瓶倒放，瓶口朝向锅门，如瓶口朝上，最好上盖一层牛皮纸，以防棉塞被湿。

（2）排放冷气

装锅后关闭锅门，拧紧螺杆。将压力控制器的旋钮拧至套层，先将套层加热升压，当压力达到0.05兆帕时，打开排放气阀放气。当锅内冷气排净后，再关闭排放阀。冷气排放程度与灭菌压力关系极大，冷空气排放程度与锅内温度、压力关系见表4-3。

表4-3 冷空气排放程度与锅内温度、压力的关系

蒸汽压力（兆帕）	温度（℃）				
	完全排除	排除2/3	排除1/2	排除1/3	全不排除
0.034	109	100	94	90	72
0.069	115	109	105	100	90
0.103	121	115	112	109	100
0.138	125	121	118	115	109
0.172	130	126	124	121	115
0.207	135	130	128	126	121

（3）灭菌计时

当锅内压力达到预定压力0.14兆帕或0.20兆帕时，拧动压力控制器的旋钮，使蒸汽进入灭菌阶段，从此开始计时。灭菌时间应根据培养基原料、种瓶数量进行相应调整。木屑培养基灭菌为0.12兆帕，保持1.5小时，或0.14～0.15兆帕，保持1小时；谷粒培养基灭菌为0.14～0.15兆帕，保持2.5小时。如果装容量较大时，灭菌时间要适当延长。

(4) 关闭热源

灭菌达到要求的时间后，关闭热源，使压力和温度自然下降。灭菌完毕后，不可人工强制排气降压，否则会使原种瓶由于压力突变而破裂。当压力降至0位后，打开排气阀，放净饱和蒸汽。放气时要先慢排，后快排，最后再微开锅盖，让余热把棉塞吸附的水汽蒸发。

(5) 出锅冷却

灭菌达标后，先打开锅盖徐徐放出热气，待大气排尽时，打开锅盖，取出料瓶，排放于经消毒处理过的洁净的冷却室。为减少接种过程中杂菌的污染，冷却室事前进行清洁消毒。原种料瓶进入冷却室内冷却，待料温降至28℃以下时转入接种车间。

4. 规范化接种

原种是母种的延伸繁殖，是一级种的继续。原种的接种是采用母种作种源，将母种的菌丝移接在原种菌瓶内的培养基上培养出菌丝体。每支母种可扩接原种4～6瓶。原种主要用于扩大繁殖栽培种，原种也直接用于栽培生产，用作出菇试验，但成本高。母种移接扩繁原种程序与方法如下。

(1) 检验母种

在扩繁原种前，第一关是检验用于扩繁原种的母种，具体进行“三看”：一看标签，看试管上的标签是否符合所需要的品种；二看菌丝，看菌丝有否退化或污染杂菌，若有，宁弃勿用；三看活力，菌龄较长的菌种，斜面培养基前端部位菌丝干固，老化菌种最好不用。如果是在冰箱中保存的母种，要提前取出，置于25℃以下活化1～2天后再用。如若在冰箱中保存超过3个月的母种，最好要转管扩接培养一次再用，以利提高原种的成活率。

（2）事前消毒

母种对外界环境的适应性较差，抵抗杂菌能力不强，所以进行转接成原种时，必须在接种箱内进行；且要求严格执行无菌操作，才能保证原种的成活率。因此必须在接种前24小时，把接种箱进行熏蒸消毒。按每立方米空间用气雾清毒盒2～3克计，点燃后产生气体杀菌；或用甲醛液8毫升，高锰酸钾5克，混合产生气体消毒。然后把试管母种和原种培养基，连同接种工具搬入箱内，并把母种用牛皮纸包裹或纱布遮盖。在接种前30分钟，用5%石炭酸溶液喷雾1次，同时用紫外线灯照射20～30分钟。工作人员洗净手，并更换工作服。

（3）接种方法

接种时一定要在料温下降至28℃以下时方可进行。先用酒精棉球揩擦双手、接种工具和母种试管壁；再用左手取料瓶，虎口向下，右手将母种试管放在料瓶外侧，用左手食指钩住，管口与瓶紧贴，对准酒精灯火焰区；除去母种试管棉塞放在接种台上，并旋松料瓶的棉塞，右手拿起接种刀，用小指和手掌取下料瓶棉塞；接种刀灼烧灭菌后，伸入料瓶内冷却，然后取出伸入母种试管内，将母种横割成5～6块斜面。第一块要割长些，因其培养基较薄，且易干燥，会影响发菌。然后连同培养基，轻轻移接入原种料瓶内，每瓶接一块母种，且要紧贴接种穴内，以利母种块萌发后尽快吃料定植。接种后塞好棉塞，接种刀经灼烧放回架上，再调换上料瓶，依次操作，直至料瓶全部接完，贴好标签。试管母种接原种操作见图4-17。

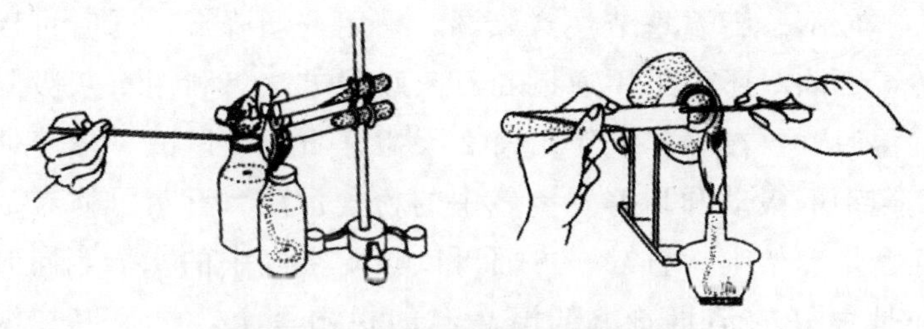

图 4-17　试管母种移接原种操作

1. 固定母种试管斜面　2. 固定原种瓶

5. 原种培养管理

原种培养室使用前 2 天，要进行卫生清理，并用气雾消毒剂气化消毒，提高培养环境洁净度。不同品种的原种其生长的温度、湿度、光照和通风等适宜条件不同。在实际生产过程中，要通过增温和降温、开关门窗、关启照明设备等方法，使环境条件达到最适，以满足菌丝生长的需要。具体管理技术如下。

（1）调控适温

培养室的最适温度，应以稍低于菌种最适温度为宜。因为菌丝生长发育期间，其呼吸作用会使培养料的温度高于环境温度 2～3℃，因此室温应控制在低于菌丝生长最适温度 2～3℃。一般控制 20℃左右为好。

培养室的降温可采用空调降温、遮阳降温、通风降温等。采用空调降温时，风量不宜过大，要求培养室的空气洁净度高，否则，易由空气尘埃的流动导致污染。采用遮阳降温时，可将培养室的屋顶搭架遮阳物，还可在朝阳面架起遮阳屏，也可在窗外挂草帘。

（2）环境干燥

菌种培养室要求干燥洁净环境，室内相对湿度控制在

70%以下。高温季节注意除湿，采用空调降温，同时可以除湿。除湿还可采用通风和石灰吸附方法。利用石灰吸附除湿时，要在培养室使用前2天撒好石灰，以减少培养期间菌种的搬动和培养室空气中的粉尘污染。石灰可撒在地面和培养架上。石灰一方面可以吸附空气中的水分，同时还是很好的消毒剂。低温高湿的梅雨季节，可采取加温排湿。

(3) 避光就暗

培养室要尽量避光，特别是培养后期，上部菌丝比较成熟，见光后不仅引起菌种瓶内水分蒸发，而且容易形成原基。因此门窗应挂遮阳网。

(4) 通风换气

菌丝生长需要充足的氧气，因此，培养室要定期通风换气，以增加氧气，有利菌种正常发育生长。

(5) 定期检查

原种在培养期间要定期进行检查。检查一般分4个时段：接种后4～5天，进行第一次检查；表面菌丝长满之前，进行第二次检查；菌丝长至瓶肩下至瓶的1/2深度时，进行第三次检查；当多数菌丝长至接近满瓶时进行第四次检查。每次检查的重点是观察菌丝长势和有无杂菌污染，一有发现或怀疑有杂菌污染的应立即淘汰处理，确保原种纯菌率达100%。经过多次检查后一切都正常，才能成为合格的原种。

(6) 掌握菌龄

原种培养时间，即菌龄，在16～20℃范围内培养，以菌丝长满瓶为标准。麦粒培养基原种，菌丝生长较快；而木屑或棉籽壳培养基，菌丝生长较慢。由于原种是由琼脂母种接种培养，所以生长发育较慢，一般需要16～20天。

八、栽培种绿色规范化制作技术

1. 栽培种生产季节

按羊肚菌大面积生产接种日期，提前 20 天进行栽培种制作。如秋栽安排在 8 月中旬开始生产，那么栽培种要提前到 7 月上旬进行制作。

2. 培养基制作

栽培种装料容器采用塑料菌种袋，因此它的装料方法与原种装瓶有一定区别。

（1）装袋打洞

采用装袋机装料，每台机每小时可装 1500～2000 袋，配备 7 人为一组。其中添料 1 人，套袋装料 1 人，捆扎袋口 4 人。具体操作方法：先将薄膜袋口张开，整袋套进装袋机出料口的套筒上，双手紧扎。当料从套筒源源输入袋内时，右手撑住袋头往内紧压，使内外互相挤压，这样料入袋内就更坚实，此时左手握住料袋顺其自然后退。当填料接近袋口 6 厘米处时，料袋即可取出竖立。装料后在培养基中间钻一个 2 厘米深、直径 1 厘米的洞。打洞可提高灭菌效果，有利于菌种菌丝加快生长发育。装袋后擦净袋壁残留物，再棉花塞口，用牛皮纸包住瓶颈和棉塞，进行高压灭菌。

采用手工装料具体操作方法：将薄膜袋口张开，用手一把一把将料塞进袋内。当装料量达 1/3 时，把袋料提起在地面小心震动几下让料落实；再用大小相应的木棒将袋内料压实；继之再装料、再震动、再压实。装至满袋时用手在袋面旋转下压，使袋料紧实无空隙，然后再填充足量打洞。

（2）袋口包扎

装袋后袋口套环、塞棉，并用牛皮纸包裹棉塞，再用橡皮圈扎紧。菌袋装料见图 4-18。

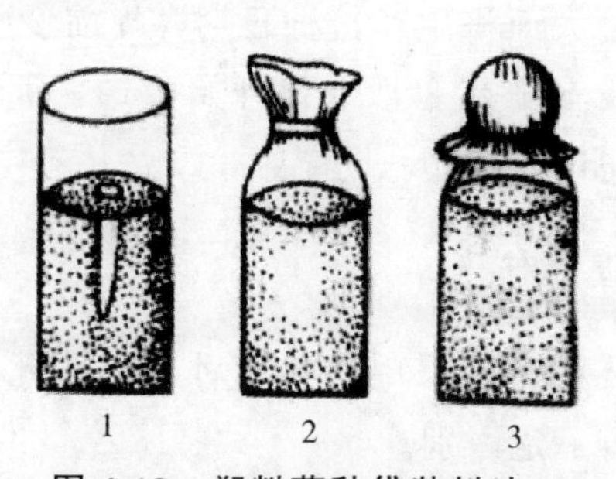

图 4-18　塑料菌种袋装料法

1. 装袋打洞　2. 袋口套环　3. 包扎袋口

（3）培养基灭菌

栽培种生产量大，培养基灭菌采用高压灭菌锅灭菌，也可以采用常压高温灭菌灶进行灭菌。但关键在于能把潜藏在培养料内的病原微生物彻底杀死，以保证安全性，提高接种后菌种成品率。这是栽培种生产至关重要的一个关键控制点。高压灭菌操作方法参照原种。

3. 无害化接种

栽培种主要用于羊肚菌生产的菌种。每瓶原种一般扩接成栽培种 50 袋，麦粒原种可扩接成栽培种 80～100 袋。栽培种接种培养要注意以下 3 点。

（1）菌龄适期

栽培种菌龄要求不幼不老。所以事先要确定作为商业性生产的菌种，以其栽培生产最佳的播种时间为基数，应提前20天左右进行栽培种制作。经培育18天左右菌龄适期，有利栽培生产。如果栽培种过早进行制作，菌龄太长，菌种老化，影响成活率。若太迟制种，生产季节已到，而栽培种菌丝尚未走满袋，表示太幼，影响生产接种量。

（2）菌种预处理

将所确定的原种通过检验种质，对杂菌污染的菌种，或菌丝发育不良的菌种，应弃之不用。经检验合格后，搬进无菌室或接种箱内拔掉瓶口塞，用棉球酒精擦拭瓶口。接着用接种铲除去原种表面出现的原基，并用棉球酒精擦净瓶壁内的残留，用牛皮纸封塞包捆瓶口。特别提示：原种预处理一定要在接种前单独进行，因原种培养时间较长，棉塞下常潜伏霉菌，且表层菌丝培养时间长，有可能潜伏绿色木霉孢子，如果接种时在接种箱中拔棉塞，挖表层菌丝，将会影响栽培种的成品率。

（3）接种方法

将预处理好的菌种连同栽培种培养基，接种工具等一起搬进接种室内。将原种置于接种架上，报纸盖面，然后打开紫外线灯照射，或气雾消毒盒等消毒药品进行重蒸气化消毒。接种时用长柄镊夹取浸有95%酒精的小棉球，打开架上的原瓶口牛皮纸和棉塞，进行瓶口消毒；同时将接种匙伸入瓶中，在火焰上方来回消毒，再将菌丝体挖松，如果是木屑培养基原种应挖成蚕豆大小，麦粒原种则应挖散成粒状；再用长柄镊子直接夹取。操作时在酒精灯火焰旁进行，接种匙用毕随手放回原种瓶内。然后将栽培种料瓶（袋）置于双排接种架的左边（如果是单排接种架，栽培种料瓶用手掌心托住），近酒精灯火焰，拔去菌瓶棉塞或解开袋绳结，用接种铲或镊子取出原种，移接栽培瓶（袋）内。棉塞过火焰后回塞栽培瓶口或扎好料袋口，然后竖放在接种台的左边。如此周而复始直至接完一批栽培种。

4. 培养管理

栽培种培养管理注意以下几点。

（1）掌握个性

栽培种接种后进入菌丝营养生长，其不断从培养基内吸收养分、水分，输送给菌丝生长建造菌丝体，构成生理成熟的菌丝体，即栽培种的育成。

（2）叠放方式

接种后的栽培种排放培养架上。排放方式有两种。一是直立排放，将菌瓶或菌袋坐地，紧靠排放于培养架上，要求横行对齐；另一种排放方式是菌袋墙式堆叠，菌袋堆叠时袋口方向和门窗方向要一致，袋口朝外。双排叠放或单排叠放堆叠成行，行与行之间，要留一条通风弄。

（3）控制适温

栽培种培养室要求恒定温度，也就是常说的恒温培养。一般掌握在20℃左右。在春秋季节自然气温条件下菌种适应，然而菌种度夏、越冬是处于逆温环境，在这期间做好降温与升温，是菌种培养管理的一项重要技术。专业性菌种培养室必须安装空调机，调节适合温度。

（4）防潮控湿

菌种培养阶段是在固定容器内生长菌丝体，对培养室内要求是干燥防潮，以空气相对湿度65％以下为适。在梅雨季节，要特别注意培养室的通风降湿。因为此时外界湿度大，容易使培养室的菌种瓶口棉塞受潮，引起杂菌滋长。在这个季节应在室内定期撒上石灰粉吸潮，同时利用排风扇等通风除湿。若气温低时，可用加温除湿的办法，降低培养室内的湿度。

（5）更新空气

要防止室内二氧化碳沉积而造成菌丝伤害。菌种排列密集的培养室内，要有适当的窗户通风，特别注意空气的对流。

（6）避光养菌

菌种最好是在避光条件下培养，若菌种在光线较强的场所培养，容易出现原基，产生菌被，消耗养分，且过早转入生理成熟期，导致菌种老化。

九、菌种绿色生产关键技术控制

羊肚菌菌种无论是母种、原种或是栽培种要达到无害化标准，关键技术控制如下。

1. 接种无菌操作

要确保菌种成品率，接种要求十分严格，防止“病从口入”，为此接种这个环节，要严格按照下列无菌操作技术规程进行。

（1）时间选择

选择晴天午夜或清晨接种，此时气温低，杂菌处于休眠状态，有利于提高接种的成品率。雨天空气相对湿度大，容易感染真菌，不宜进行接种。

（2）把握料温

菌种培养基灭菌出锅后，要经过冷却，一定要待培养基内料温降至23℃以下时，方可转入接种菌种工序，以防料温过高，烫伤菌种。

（3）环境消毒

接种前对接种箱（室）进行消毒净化，接种空间保持无菌状态。工作人员必须换好清洁衣服，用新洁尔灭溶液清洗菌种容器表面及棉塞，同时洗手。然后将菌种搬入接种室（箱）内，取少许药棉，蘸上75%酒精擦拭双手及菌种容器表面、工作台面、接种工具。

（4）掌握瓶量

用接种箱接种时，菌种的培养基一次搬进接种箱内的数量不宜太多。一般双人接种箱，栽培种一次装入量宜80～100瓶，带入原种2～3瓶；单人接种箱减半。如果装量过多，接种时间拖延，箱内温度、湿度会变化，将影响接种成品率。

（5）基质净化

将待接种的培养基同时放入接种箱内或灭菌室内的架子上，用药物熏蒸，或采用紫外线灯灭菌20～30分钟，注意用报纸覆盖菌种，以防伤害菌丝。

（6）控制焰区

开始接种操作时点燃酒精灯，酒精灯火焰周围半径8～10厘米范围内的空间为无菌区，接种操作必须靠近火焰区。菌种所暴露或通过的空间，必须是无菌区。菌种与容器外的空间通道口（瓶口、袋口），必须通过酒精灯火焰封闭。

（7）迅速敏捷

接种提取菌种时，必须敏捷迅速，缩短菌种块在空间的暴露时间。另一方面接种器具为金属制品，久用易灼热，菌种通过酒精灯火焰区时，如果动作缓慢，则容易烫伤。

（8）接种后通风

每一批接种完后，必须打开接种箱或接种室，取出菌瓶或菌袋；让接种箱或接种室通风换气30～40分钟，然后重新进行消毒，继续进行接种。

（9）清残保洁

在接种过程中，菌种瓶的覆盖废物，尤其是工作台及室内场地上的菌种表层清出物，每批接种结束后，结合通风换气，进行1次清除，以保持场地清洁。

（10）强调岗位责任

由于栽培种数量多，接种工作量相当大。接种人员需进行岗前培训，持证上岗。严格按照无菌操作规程进行接种；要安排好人手，落实岗位责任制；加强管理，认真检查，及时纠正，确保接种全过程按照技术规范的要求进行操作。

2. 严格检查处理

菌种培养期间需要进行多次检查，发现霉菌污染及时处理，确保菌种纯菌率。

（1）检查方法

原种或栽培种进入培养后，头3～4天进行第一次检查，主要检查原接种块菌丝是否萌发定植；6～10天进行第二次检查，主要观察菌丝长势及污染情况，对未萌发成活或菌丝生长不良的，应及时回收处理。尤其是瓶口棉塞被污染的，要尽快用塑料袋裹住，清出培养室。以后每隔7～10天进行一次检查，并观察菌丝生长状况。在检查时结合调节菌种排放位置，上下里外进行调整，使其生长均衡，特别菌袋菌种，压在下面的菌袋生长较缓慢，应及时将下面的菌袋翻到上面，上面的菌袋调到下面，调位有利于恢复下面菌袋菌丝的正常生长。如此反复翻堆，可平衡上下菌袋中菌丝的生长，整个培养期间需要翻堆3～4次。

（2）检查视点

检查工作必须十分认真，有的杂菌混在菌丝中，检查时稍不注意，就蒙混过关。如绿色木霉，初期为白色，与羊肚菌菌种的菌丝色泽相似，第一次检查时发现在菌种培养基表面只有大头钉的钉头大，菌丝稀薄芒状伸展，色白，如果不被发现，5～6 天就会被羊肚菌菌丝伸展覆盖，便潜藏基内生长，一直隐藏至菌种育成，使用于生产接种时就暴露危害。

（3）把关原则

菌种检查应坚持从细从严原则。如链孢霉有红色和白色两种，常在菌种瓶口棉花塞内侵染；袋装菌种多在袋扎口处侵入，然后深入袋内。如不处理，只要稍微一动，孢子扩散传播极快。因此一发现被污染，应尽快用塑料袋包裹隔离处理。检查中发现污染，无疑的采取淘汰处理；稍有怀疑的也应宁弃勿留，清除隐患，确保菌种质量安全性。

十、羊肚菌绿色菌种质量标准

羊肚菌菌种标准目前还未见国标和地标。这里根据主产区制种单位制定的企业标准介绍如下。

1. 母种质量标准

羊肚菌母种最佳菌龄 8～11 天，其质量标准见表 4-4。

表 4-4　羊肚菌母种感官要求

项　目	要　求
容器	完整、无损
棉塞或无棉塑料盖	干燥、洁净，松紧适度，能满足透气和滤菌要求
培养基灌入量	为试管总容积的 1/5 至 1/4

续表

项目		要求
培养基斜面长度		顶端距棉塞 40～50 毫米
菌丝生长量		长满斜面
接种量(接种块大小)		(3～5) 毫米×(3～5) 毫米
菌种外观	菌丝生长量	长满斜面
	菌丝体特征	洁白浓密、棉毛状
	菌丝体表面	均匀、平整、无角变
	菌丝分泌物	无
	菌落边缘	整齐
	杂菌菌落	无
斜面背面外观		培养基不干缩，颜色均匀，无暗斑，无色素
气味		有羊肚菌菌种特有的清香味，无酸、臭、霉等异味

2. 原种质量标准

羊肚菌原种的最佳菌龄 15～20 天，其质量标准见表 4-5。

表 4-5　羊肚菌原种感官要求

项目	要求
容器	完整、无损
棉塞或无棉塑料盖	干燥、洁净，松紧适度，能满足透气和滤菌要求
培养基上表面距瓶（袋）口的距离	50±5 毫米

续表

项目		要求
接种量（每支母种接原种数，接种块大小）		4～6瓶（袋），≥12毫米×15毫米
菌种外观	菌丝生长量	长满容器
	菌丝体特征	洁白浓密、生长旺健
	培养基表面菌丝体	生长均匀、无角变、无高温抑制线
	培养基及菌丝体	紧贴瓶（袋）壁，无干缩
	培养物表面分泌物	无，允许有少量深黄色至棕褐色水珠
	杂菌菌落	无
	颉颃现象	无
	子实体原基	无
气味		有羊肚菌特有的香味，无酸、臭、霉等异味

3. 栽培种质量标准

羊肚菌栽培种最佳菌龄18～20天，质量标准见表4-6。

表4-6 羊肚菌栽培种感官要求

项目	要求
容器	完整、无损
棉塞或无棉塑料盖	干燥、洁净，松紧适度，能满足透气和滤菌要求
培养基上表面距瓶（袋）口的距离	50±5毫米

续表

项目		要求
接种量（每瓶原种接栽培种数）		30～50瓶（袋）
菌种外观	菌丝生长量	长满容器
	菌丝体特征	洁白浓密、生长旺盛
	不同部位菌丝体	生长均匀、无角变，无高温抑制线
	培养基及菌丝体	紧贴瓶（袋）壁，无干缩
	培养物表面分泌物	无或有少量深黄色至棕褐色水珠
	杂菌菌落	无
	颉颃现象	无
	子实体原基	无
气味		有羊肚菌菌种特有的清香味，无酸、臭、霉等异味

4. 菌种质量检测方法

菌种质量检验的关键内容是菌丝生长状态、生长速度和纯度。

（1）菌丝生长状态和锁状联合检查

菌丝生长状态是指生长中的菌丝长势、均匀度、丰满度、边缘是否整齐，长相是否舒展、平整、鲜活、有活力。锁状联合需要在显微镜下才能观察到。可以制作水封片，也可以直接插片后置于载玻片上镜检。水封片的制作方法为：将1.2毫米厚的载玻片擦拭干净，滴一滴无菌水，挑取菌丝，置于水滴中，分散。将解剖针斜插于水滴中，将盖玻片徐徐放平，赶出气泡，于显微镜下观察。插片观察法为：将盖玻片清洗干净，于酒精灯火焰灭菌，冷却后在无菌条件下斜插于平板菌丝生长边缘，培养3天左右，即可能有菌丝生长其上。取下后对光仔细观察，看有无菌丝，若有，即可将有菌丝面朝下，置于有水滴的载玻片上镜检。

（2）生长速度测定

生长速度是菌种质量检验的重要指标。

母种生长速度检验：按照相关标准规定，使用相应培养基，多数种类要求使用PDA培养基，以试管或培养皿为容器，在最适温度下培养，计算菌丝长满所需天数。

原种和栽培种生长速度检验：按照相关标准，使用标准规定的培养基，按照标准规定的容器和菌种生产工艺进行，具体配方、要求和方法执行菌种标准和NY/T528食用菌菌种生产技术规程。

（3）纯度检验

保证菌种的纯度，在接种1周内检查，其方法如下。

第一，细菌检验。称取蛋白胨10克，牛肉膏3克，氯化钠5克，蒸馏水100毫升，调至pH7.4，配制肉汤培养基。分装于150毫升三角瓶内，分装量为50毫升，于121℃灭菌30分钟。接种培养：在无菌条件下刮取菌种的菌丝，接种于培养基中，于25～28℃下振荡培养24～28小时。观察：将三角瓶置于光线充足处，对光观察，看培养基是否混浊。清澈为无细菌污染，混浊为有细菌污染。

第二，霉菌检验。PDA培养基，在无菌条件下切取被检验菌种，接种于培养基中，于25～28℃下培养3～4天。观察：将试管置于光线充足处，对光观察，看培养基表面是否有霉菌长出，肉眼不能判定时，挑取菌丝进行水封片镜检。在无菌条件下挑取气泡，在显微镜下观察，看有无霉菌菌丝或孢子。

5. 菌种应用栽培出菇的经济指标

羊肚菌的菌种的经济性状指标如下。

(1) 成活率

将菌种接在适宜的培养基上，若菌丝很快恢复定植和蔓延生长，成活率高，为好的菌种；反之，接种后恢复慢，成活率不高为质差的菌种。

(2) 出菇快慢

一般说菌种为高温型的出菇快，低温型的出菇慢，中温型的介于两者之间。而以菇的质量来说，高温型的质量差，低温型的质量好。但在同一温型食用菌品种的不同菌株，其菌种接入培养基后，若菌丝分解培养料能力强，前后培养料对照失重大，出菇快而多，总产高，即是好菌种，否则为劣质菌种。

(3) 菇峰间隔

在一个生产周期中，子实体发生可分几批次或数潮次，产菇最多时称菇峰，最少时称菇谷，每个菇峰和菇谷构成一潮菇。凡菇潮多，间隔时间短，说明菌丝分解能力强，供子实体发生的养分积累多，因此转潮快，为好种；反之，菇潮间隔时间长，或不明显，零星出菇，产量低，即为劣质菌种。

(4) 商品性状

羊肚菌总体要求形、色、味具备。具体以菌柄粗长、伸展正直，菌盖圆帽形、肉厚，清香，乳白带黄褐色。白色品种色纯正，形态和味道相同。

(5) 鲜品干燥率

鲜菇经干制后干燥率高，说明转化率高，子实体含水分低，为优质菌种。

（6）生物转化率

即生物学效率，指每 100 千克干料可产出多少千克鲜菇。生物转化率高，说明菌种质量好，反之为劣质菌种。

（7）经济效益

必须具备商品的要求，诸如色、香、味、形、档次、上市时间、保质期等。凡是鲜菇上市时间早，有效时间长，产量高，品质好，档次高，含水量低，不易变色、变质、破碎、失重，无农药残毒、残臭，符合食品卫生标准和得到的利润高，均表示经济指标高，列为优质菌种；而上市有效时间短，易变色、变味、变质，含水量高，失重严重，易破碎，利润低的菌种均为劣质菌种。

十一、菌种保藏与复壮

1. 菌种保藏方法

菌种保藏方法常见的有以下几种。

（1）斜面低温保藏

这是一种常用最简便的保藏方法，首先将需要保藏的菌种移接到 PDA 培养基上；为了减少培养基水分散发，延长保藏时间，在配制时琼脂用量加到 2.5%，再加入 0.2% 磷酸氢二钾、磷酸二氢钾及碳酸钙等缓冲剂，以中和保藏过程中产生的有机酸。如果是保藏香菇和木耳菌种，应把配方中的葡萄糖换成麦芽糖。培养基装入量不少于 12 毫升。菌种接种后置于适宜温度下培养至菌丝长满斜面，然后选择菌丝生长健壮的试管，先用塑料膜包扎好管口棉塞，再将若干支试管用牛皮纸包好。也可以用无菌胶塞代替棉塞，既能防止污染，又可隔绝氧气，避免斜面干燥。具体做法是：选择大小合适的橡皮胶塞，洗净晾干，在75%酒精液中消毒1小时后，用无菌纱布吸去酒精，在火焰上方烧去残留的酒精液；于无菌条件下，将试管口在火焰上灼烧灭菌，拔出棉塞，换上胶塞；再用石蜡密封，放入4℃左右的电冰箱内保存，每隔3～4个月转管一次。如果用胶塞石蜡封口，转管期可延迟至6个月。

斜面低温保藏过程，冷柜或冰箱内相对湿度应控制在40%～50%，尽量少启用，以免产生冷凝水而引起污染；若必须启用时应边开、边取、边关，做到快速、短暂、熟练。低温贮藏法简单易行，适用于所有食用菌菌种，是最实用的贮藏方法，已得到广泛应用。缺点是贮藏时间短，需经常继代培养，不但费时费工，而且传代多，易引起污染、衰退或造成差错。

（2）液体石蜡保藏

液体石蜡又名矿油，所以该法又称矿油保藏法。这种方法操作简便，只要在菌苔上灌注一层无菌的液体石蜡，即可使菌种与外界空气隔绝，达到防止培养基水分散失，抑制菌丝新陈代谢，推迟菌种老化，延长菌种生命和保存时间的目的。所以此种方法也称为隔绝空气保藏法。

具体操作：选用化学纯液体石蜡100毫升，装入250毫升锥形瓶内，瓶口加棉塞，置于0.103兆帕压力灭菌30～60分钟；然后置于160℃烘箱中处理1～2小时；或置40℃温箱内3天左右，见瓶内液体石蜡呈澄清透明，液层中无白色雾状物时即可，其目的是使灭菌时进入瓶内的水分得到蒸发。然后在无菌条件下，将液体石蜡倾注或用无菌吸管移入生长健壮、丰满的斜面菌种上，使液体石蜡高出斜面顶端1厘米左右；最后直立放置在洁净处室温下贮藏，转管时直接用刀切取1小块菌种，移接到新的斜面培养基中央，适温培养，余下的菌种仍在原液体石蜡中贮藏。

注意事项：因经贮藏后的菌丝沾有石蜡，生长慢而弱，需再继代转接1次方可使用；贮藏场所应干燥，防止棉塞受潮发霉；定期观察，凡斜面暴露出液面，应及时补加液体石蜡，也可用无菌橡皮塞代替棉塞，或将棉塞外露部分用刀片切除，蘸取融化的固体石蜡封口，以减慢蒸发。此法贮藏时间可达1年以上，有的可达10年，效果好。使用此法保种时需直立放置。液体石蜡保藏见4-19。

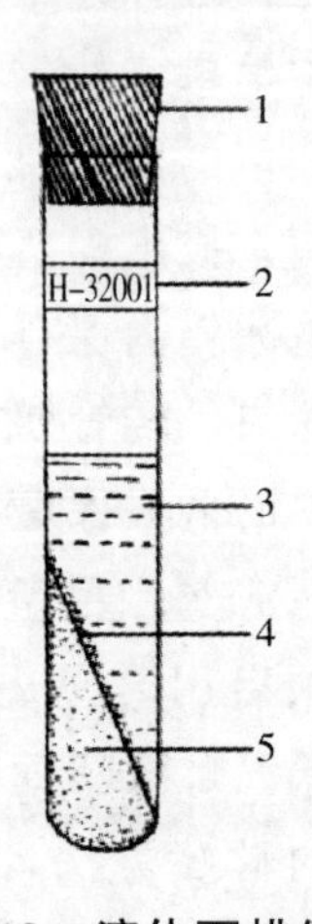

图4-19　液体石蜡保藏

1. 橡皮塞　2. 标签　3. 液体石蜡　4. 菌苔　5. 琼脂培养基

（3）天然基质保藏菌种方法

天然基质的种类很多，下面介绍常见的几种保藏法。

①麦粒种保藏法：用麦粒来保藏双孢蘑菇和灵芝菌种，保藏期双孢蘑菇达18个月，而灵芝可达5年之久仍有生活力。具体操作：选取无病虫害新鲜小麦，淘洗后在20℃温水中浸5小时，以麦粒含水量达25%为宜。将麦粒稍晾干后，装入试管至长度的1/3。然后置于0.103兆帕压力灭菌40分钟后，趁热摇散，冷却接种。每管内接入菌丝悬浮液1滴，摇匀后置于25℃室内培养。当大多数麦粒出现菌丝时，移于干燥冷凉的地方保藏。

②枝条种保藏法：采用树木枝条作为木腐型菌种的保藏培养基。选取直径1～1.5厘米的阔叶树枝条，截成1.5～2.0厘米长，晒干备用。使用时将枝条在5%米糠水中浸泡

12 小时，吸足水分。拌好木屑培养基，按枝条与木屑培养基以 3∶1 的体积比混匀；装入大试管或菌种瓶内，并在表面覆盖一薄层木屑培养基，压平；清洗管壁。按常规法进行灭菌、接种、培养，待菌丝长好后，置于常温下或冰箱内保藏。

③木屑种保藏法：配料按 78%木屑、20%麦麸、1%蔗糖、1%石膏粉加适量水拌匀；装入试管至长度 3/4，洗净管口，塞好棉塞，用牛皮纸包好管口；置于 0.103 兆帕高压灭菌 40 分钟；接种后在 25℃下恒温培养。待菌丝长到培养基 2/3 时取出，用蜡将棉塞封好，包上塑料薄膜，放入 4℃冰箱内，能保藏 1～2 年。使用时从冰箱取出后，置于 25℃恒温箱内培养 12～24 小时。

（4）菌种保藏注意事项

①调整养料：保藏的母种应选择适宜的培养基，其配方一般要求含有机氮多，含糖量不超过 2%，这样既能满足菌丝生长的需要，又能防止酸性增大。

②控制温度：必须根据品种的特性，选择适宜的保藏温度。存放菌种的场所必须通风干燥，并要求遮阴，避免强光直射。存放于电冰箱中保藏的菌种，温度宜在 4℃，若过低斜面培养基会结冰，导致菌种衰老或死亡；过高则达不到保藏之目的。

③封闭管口：菌种的试管口用塑料薄膜包扎，或用石蜡封闭，防止培养基干涸和棉塞受潮而引起杂菌污染。

④用前活化：保藏的菌种因处于休眠状况，在使用前需先将菌种置于适温下让其活化，然后转管，更新选育。

2. 菌种复壮使用

菌种长期保藏会导致生活力降低。因此，要经常进行复壮，目的在于确保菌种优良性状和纯度，防止退化，复壮方法如下。

（1）分离提纯

分离提纯也就是重新选育菌种。在原有优良菌株中，通过栽培出菇，然后对不同系的菌株进行对照，挑选性状稳定、没有变异、比其他品种强的，再次分离，使之继代。

（2）活化移植

菌种在保藏期间，通常每隔3～4个月要重新移植1次，并放在适宜的温度下培养1周左右，待菌丝基本布满斜面后，再用低温保藏。但应在培养基中添加磷酸二氢钾等盐类，起缓冲作用，使培养基酸碱度变化不大。

（3）更换养分

各种菌类对培养基的营养成分往往有喜新厌旧的现象，连续使用同一树种木屑培养基，会引起菌种退化。因此，注意变换不同树种和配方比例的培养基，可增强新的生活力，促进良种复壮。

（4）创造环境

一个品质优良的菌种，如传代次数过多，或受外界环境的影响，也常会造成衰退。因此，在保藏过程中应创造适宜的温度条件，并注意通风换气，保持保藏室内干爽，使其在良好的生态环境下稳定性状。

第五章
羊肚菌绿色高优栽培技术

一、羊肚菌现行栽培模式

1. 大田栽培模式

我国现有羊肚菌人工栽培模式多样，但进入规模化商业性栽培的仍是以四川省科研部门经过20多年不断探索，研发成功的大田畦床无基料播种仿生栽培模式为主体。此种栽培模式可充分利用水稻或其他作物收获后的田地，通过机耕整理成畦床，菌种播入畦床土层内发育培养；并适时在畦床上摆放营养包，作为外源营养。畦床上方搭盖简易防雨遮阴棚。从播种到出菇一般60天左右，整个生产周期5个月左右，每亩地一般可收鲜菇200～500千克，实现了羊肚菌人工栽培速生高产优质的效果，因此被广泛采纳推广应用，在长江以南省区均效仿此模式栽培。

2. 室棚内栽培模式

我国地理复杂，气候不一。各省根据地域条件在羊肚菌栽培方式上紧接地气，因地制宜采取不同方式栽培。云南省贡山县根据当地独特自然环境采取室内建床，菌种脱袋覆土长菇。而北方的山西省结合当地气候环境与实际条件，采取高棚和拱棚栽培模式，利用现有温室大棚安装喷灌设备和遮阳网栽培。相对而言高棚模式温湿度稳定，容易调控，产量较高；而拱棚模式投资较小，产量不稳。内蒙古赤峰市村民王殿生，利用现有日光温室栽培也喜获丰收。

3. 循环栽培模式

在羊肚菌栽培模式上，各地科研部门和广大菇农采取多样式产业链栽培。孙建国（2017）对我国羊肚菌未来发展模式进行探析，提供以下几种产业链循环模式，供栽培者参考。

（1）果园循环产业链模式

果树木屑栽培香菇、木耳；香菇、木耳废料发酵翻入果园地里，果园林地栽培羊肚菌。具体操作时在果园空地搭建双层棚，2～3月在大棚内播种，4～5月覆盖遮阳网出菇，8～9月覆盖遮阳网播种，10～12月地面覆盖塑料膜管理出菇。

（2）林地大棚循环产业链模式

8～9月覆盖遮阳网播种，10月棚内搭建塑料小拱棚播种养菌出菇，必要的话，在次年4～5月继续管理出菇，采菇后种粮、菜、豆；10～11月塑料小拱棚内播种羊肚菌，次年3～4月搭盖遮阳网出菇，采收后再种粮菜豆。

（3）温室大棚循环菌菇产业链模式

9～10月份播种羊肚菌，11～12月份出菇管理；3～8月份选择栽培平菇、秀珍菇、榆黄菇，9～10月份羊肚菌播种，这是一个完整的循环产业链。

（4）工厂化或家庭小微工厂化模式

有投资能力生产者，可建设标准化生产车间，利用全自动温、湿、光、气生态调控设施，实现一年四季规模化栽培羊肚菌。普通农户或中小投资者可建设家庭型小微工厂生产羊肚菌。利用普通空闲房间安装空调，形成小微工厂进行层架式立体栽培，既节省场地，又可提高经济效益。

二、羊肚菌生产季节安排

四川作为羊肚菌大田栽培发源地，科研部门根据本地区多样性的气候条件和海拔高低进行不断试验探索，对羊肚菌生产作出季节安排：平原至丘陵地区冬季相对温暖，一般在10月至12月中旬完成播种，翌年1月始菇，3月下旬采收结束。高原地区冬季寒冷，适当提前播种，其中海拔3000米以下地区，11月完成播种，次年3月上中旬至4月中下旬采收结束；海拔3000米以上地区9月中下旬至10月上中旬完成播种，次年5月中下旬至6月中旬采收结束。

现有我国人工栽培羊肚菌，大多数是采用大田畦床遮阳长菇模式，其范围较广。长江以南地区一般在寒露后即10月中旬至11月中旬前后播种，来年“雨水”后2～3月进入长菇期，多采取蔬菜大棚轮作。而长江以北地区一般在9月中旬至10月中旬前后播种，多采用大田畦床遮阳加盖薄膜，或拱棚栽培模式。而在辽宁、内蒙古、陕西、新疆、甘肃等气温偏低地区，采用钢架温室大棚栽培。我国地理复杂，气候差别甚大，而且栽培方式及设施不同，因此在安排羊肚菌生产季节时，注意以下4个方面。

1. 掌握种性特性

羊肚菌生物独特性有两点，了解它才能安排好生产季节。

其一，羊肚菌从播种到出菇在适宜的环境条件下，一般为50～60天，而出菇到采收结束，整个生产周期只有5

个月。归纳一句话，出菇快，收获期有限，生产周期短，这是羊肚菌的种性特征之一。

其二，羊肚菌属于中低温菌类，菌丝在5～23℃下均能生长，最适宜为17～20℃，低于5℃或高于23℃就会停止生长或死菌。子实体在8～23℃均能生长，最适10～16℃，若昼夜温差10～15℃，可促进子实体的形成，但低于或高于生长温度范围，则不利子实体的正常发育。气温超高时，子实体开始消失。

2. 选准最佳时段

根据羊肚菌的上述种性特征，人工栽培的季节多数在9～10月上旬整地，10月中旬至11月上旬播种覆土，此时气温有利菌丝正常生长发育。12月下旬至来年1月下旬为越冬期，翌年2～4月气温回升到10℃以上时进入长菇期。此期间气温18℃以内，正值适温进入产菇期。

笔者在长期实践中认识到羊肚菌最佳生产时段，还要掌握当年农时季节，因为每年农时季节与公历的时间，都有一定差距，单凭时间确定最佳时段这还不够精准。就以2018年而言，10月23日是霜降，11月7日立冬，翌年2月5日立春。从节气看2018年与2016年相同，但2017年春节是1月28日，而2018年春节是2月16日，相差18天。2018年俗称是“无春”，预测会出现冷冬。鉴于季节变化，对四川地区栽培的最佳播种时期，应选择在立冬（10月27日）前10天，即10月17日进行。通过播种发菌培养，始菇期争取元旦产品收成。同时还要看气温稳定程度，再确定具体播种时期，这样更稳妥。

3. 区别海拔高低

产地海拔高低，气温差别甚大。确定播种期时，应注意产地所处海拔高度。因地制宜确定播种期。低海拔平原至丘陵地区，一般10月至12月中旬完成播种；高原地区冬季寒冷，适当提前在11月下旬完成播种，海拔3000米以上高寒地区9月中下旬至10月上中旬完成播种。

4. 灵活匡定适期

我国地理复杂，各地所处海拔、纬度不同，南北省区气候差异甚大。因此在安排羊肚菌栽培季节时，应掌握“两条杠杆”：一是接种时，当地温度以18～22℃为适；接种一个月后在10℃以下，无影响越冬。二是进入长菇期，当地气温能稳定在10℃以上，不超过22℃这个温限。以这“两条杠杆”进行衡量后，确定自己所在地域的栽培季节，避免因季节安排失误，进入长菇期气温超限，造成不出菇而失利。室内栽培采用设施调控，其季节可随机应变，安排产季。

三、当家品种选择

1. 良种基本要求

羊肚菌人工栽培成败与丰歉，与品种关系甚大。羊肚菌人工栽培品种选择基本要求：种性稳定，高产优质，抗逆性强，适应性广，商品性状好，而且已被生产者广泛推广应用。

2. 选择适合菌株

羊肚菌人工大田栽培发源地的四川省科研部门，对羊肚菌栽培的品种进行采集筛选培育。自2012年起推出适合人工栽培的有4个菌株，至今成为大田栽培当家品种。其中川羊1号菌株，在四川省覆盖率超过70%。大田栽培羊肚菌适用菌株性状，见表5-1。

表5-1　大田栽培羊肚菌菌株性状

代号	名称	形态	色泽	性状	使用区域
1号	川羊肚菌	菌盖棱纹密度中等	盖褐色至深褐色，柄黄白色	耐贮性好	四川覆盖率超过70%
3号	梯棱羊肚菌	菌盖纵棱明显，呈平行状	盖棕色至黄褐色，柄白色	耐贮性好	推广至川、云、贵、豫、鄂、宁、甘、陕、闽、浙等
6号	六妹羊肚菌	菌盖纵棱明显，呈平性状	盖黑色至酱红色，柄白色	适应性强	推广至川、云、贵、豫、鄂、晋、陕、闽、浙、新、辽、甘等
7号	七妹羊肚菌	菌盖纵棱明显，呈平性状	盖浅红色，柄白色	适应性强	推广区域同六妹菌株

我国各地科研部门对羊肚菌菌株的选育，取得很好成果，云南农业大学食用菌研究所及中国科学院昆明植物研究所，选育的羊肚菌“老居山1号、2号菌株”在四川、山西、湖北、河南等省区栽培，表现良好。

3. 关注焦点所在

羊肚菌是子囊菌，遗传学不稳定，较易发生变异，如果多次扩大繁育的菌种，不经严格产菇测评，直接用于大量生产，就有可能导致子实体生产率降低，甚至绝收。目前，国内很多企业和栽培户羊肚菌的菌种都是从四川、云南等地研究所或企业购买。但有些研究所或企业生产设备简陋、分散、规模小、技术研发薄弱，制种过程落后，产出的菌种存在菌种不纯、质量欠佳、品种退化等问题。有些小型菌种厂之间展开恶性竞争，导致菌种重量和质量得不到保证，直接影响出菇水平，严重的造成栽培失败，给栽培者带来极大的经济损失。

4. 购种需知

栽培者在购买羊肚菌菌种时，必须做到以下 5 点。

①向正规科研机构和法定菌种厂购种。制种单位必须具有菌种生产经营许可证的资质。

②查明所购买的菌种型号，了解种性特性及适用范围。

③签订合同，购种时索取购种发票。

④认真检查菌种菌丝发育状况，检查有无污染杂菌，把好质量关。

⑤注意菌种包装袋运输过程的安全性。

四、羊肚菌栽培场地整理

1. 场地条件

大田栽培羊肚菌的场地，在南方一般以水稻收成后的冬用田为宜，或者选择玉米、西红柿等经济作物收成后的农地。屏南县海拔千米的岭下反季节蔬菜基地9月收成结束正适合栽培羊肚菌。场地总体要求符合绿色产地标准。基本要求生态条件良好；产地3千米内没有污染源；地势高燥平坦、交通方便、空气清新；水源水质清洁；排灌方便等。如果已经栽培过羊肚菌的场地，每亩地必须用生石灰75千克，均匀撒在地面，并放水浸泡时间1个月以上，然后排水干燥后进行翻土。

2. 土质要求

选择土质肥沃，腐殖质含量高，透气性好，土壤不板结的田地。保湿性差的沙质土和黏性强的红壤土等田地不适用。土壤的pH6.5～7.5，以中性或偏碱性为适（野生羊肚菌常发生在石灰岩或白垩土壤中）。

3. 畦床整理

田地采用旋耕机深翻一遍，并在地里播撒一遍生物有机肥，每亩地200～300千克。福建将乐县万安镇利用现有玉米收成后的秸秆，通过切碎机切碎后堆于畦中，并把畦面泥土覆盖，让其发酵后用拖拉机深翻混合泥土中，增加了有机肥分。场地应提前一个月进行消毒杀虫，每亩地施用生石灰40～50千克，并进行翻土。种过蔬菜的田地翻土1次，玉米地要翻土2次，使秸秆腐熟。

羊肚菌栽培畦床规格，一般以宽1～1.4米为适，这样规格的畦床，采菇时两边手均可伸到畦面中间。如果畦床太宽，畦中的羊肚菌伸手采不到时，就要脚踏进畦床，必将踩伤菇体。畦床长视场地而定，一般以10～12米为适。畦高20～25厘米，畦沟宽25～30厘米。沟底两头倾斜，有利排水。云南有的地区畦床多为1米宽，理由是羊肚菌多长于畦旁，畦床小，畦壁两旁透氧性好，有利长菇。栽培者可根据自己现有栽培场地，决定畦床规格。

畦床土壤含水量要求：以畦床土层15～20厘米保持湿润状态，即手握一把土，松手后既可成团又可散开。

五、播种覆土具体方法

羊肚菌畦床播种现有3种方法可任选。

1. 穴播

在畦床上先挖好接种穴，穴长宽8～10厘米见方，深4～5厘米，穴距40～50厘米。播种时将脱袋的菌种播于穴内，然后覆土4～5厘米铺平畦面。菌种用量，每亩地一般用种量为200～230袋（15厘米×30厘米袋），菌种要求纯正无污染，菌龄18～20天。

2. 沟播

在畦床前端纵向开3条沟，宽15～20厘米，沟间距离20～25厘米，深5～6厘米。把菌种捣碎，均匀撒播于沟内；然后覆土4～5厘米，整平畦面，菌种用量同穴播，菌种要求纯正无污染，菌龄18～20天。

近年来，沟播还推行一种新方式，先把畦床整平后，把菌种捣碎，撒播于畦床上；然后用机耕耙在畦面耙成5条沟，让畦面菌种与泥土混在一起，随机耕耙分布于沟旁。此种方式发菌较快，但长菇后沟间拥挤。

3. 撒播

畦床整平后，将菌种捣碎撒播入畦床上，然后覆土 5 厘米盖面。菌种用量同穴播，菌种要求纯正无污染，菌龄 18～20 天。

六、发菌培养管理技术

1. 掌握发育阶段特殊性

羊肚菌播种覆土后，菌丝发育和子实体形成与生长，均在田间完成。而整个生产周期，有近一半时间为发菌阶段。因此羊肚菌菌丝培养的好坏直接影响产量高低。大部分产区养菌阶段通常是秋冬季节，降雨量偏少；而北方地区秋冬季节，常伴有大风天气，容易造成土壤水分流失，影响菌丝发育。长江以南地区特殊年份，有长时间的阴雨天气，这样容易造成土壤含水分量偏大，氧气含量不足，而导致菌丝发育受阻。其次，由此引发菌种霉烂，菌丝不萌发，导致栽培失败。

2. 畦床遮阳养菌

羊肚菌接种后菌丝生长阶段需要避光遮阳，创造“三阳七阴”环境条件。根据栽培房棚设施状况，采取不同方式遮阳。现有的栽培棚有简易遮阳网大棚和钢架大棚两种，遮阳网大棚又有矮棚、中棚和高棚 3 种。菇棚设施已设置有遮阳条件，其光照度适用于羊肚菌菌丝生长发育。采用大田露天栽培的，可采用竹木作柱架，搭建简棚，上面覆盖遮阳网和防雨膜，有利菌丝生长发育。

近年来四川科研部门研究认为，播种后采用畦床覆盖黑色地膜，起到保温、保湿、防涝、避光和抑制杂草作用。尤其在气温低的冬季，盖膜后增加积温，因为地膜可以吸收太阳光能量，增加土壤温度，十分有利菌丝生长发育；也有效避免或减少不利环境变化对菌丝发育的阻碍，这是大田畦栽羊肚菌的一项有效技术措施，可以推广应用。但在羊肚菌菌丝生长发育阶段，需要吸收氧气；同时菌丝生长量增大后，新陈代谢加快，呼吸强度增加，需氧量也增大。因此可采取畦面上用竹木条把地膜架成小拱棚，满足畦内菌丝透气增氧需要。

3. 田间管理

播种后 3 天要浇一次水，俗称“种水”，土壤耕作层 30 厘米以上要浇透，手握一把土，松手后既可成团又可散开。同时还要视当地气候和土壤湿度状况，进行水分管理。在春节前干燥天气，畦床表面土层偏干时，应喷水 1～3 次，保持土壤湿润。下雨天及时做好畦床防雨膜铺盖，防止雨淋淤水，导致菌丝发生腐烂。同时注意通风换气，避免缺氧。羊肚菌土壤作为基质，所谓“种水”等于培养料栽培食用菌的料与水，是为了满足羊肚菌菌丝生长发育所需要的水分。播种后进入越冬期，水分蒸发量低，应根据当地当时天气变化，灵活掌握喷水量，总体要求保持土壤湿润不干燥，但也不可过湿。

七、外源营养袋技术

1. 外源营养作用

外源营养袋，俗称转化袋或转化包，其出现和广泛使用，有效地促进羊肚菌产业进入规模化健康发展。外源营养袋是羊肚菌生产环节中最重要的技术之一，是羊肚菌丰产最重要的“能量”支撑。

由于羊肚菌的生长发育需要在一个土壤相对肥沃的环境中，才能进行有性生殖；同时羊肚菌菌丝自身储备的能量，不足以支撑有性生殖所需要的能量，因此需要从外界吸收新的营养物质。营养贫乏的土壤基质，没有足够的营养供给新生的菌丝同化吸收，必须适时供给才能确保新形成的菌丝储备足够的营养物质，促使营养生长转入生殖生长。因此外部“营养袋”成为外源营养的补充，是羊肚菌人工栽培的技术创新，获国内外专利。

2. 外源营养袋配制

（1）制袋时期

外源营养袋配制时间，应在羊肚菌播种覆土结束，第一次浇水后，开始安排生产。

（2）营养配方

外源营养袋的配方各地有别，这里收集几组配方供选择：

配方之一：小麦98%、石灰1%、石膏1%。

配方之二：小麦90%、谷壳8%、石灰1%、石膏1%。

配方之三：小麦85%、杂木屑12.8%、石灰1%、石膏1%、过磷酸钙0.2%。

配方之四：小麦70%、杂木屑20%、谷壳9%、碳酸钙1%。

配方之五：麦麸50%、谷壳49%、石灰粉1%。

料与水比例为1∶（1～1.2），含水量60%～65%，pH 6～7。

制作方法：提前将小麦预湿，冬天浸泡时间要达到48小时以上，以麦粒没有白心为度，谷壳也要浸水泡透。把麦粒等与石灰、石膏充分搅拌。然后采用12厘米×26厘米塑料袋装料。每袋装料量200克，湿重400克。装袋后的营养袋，采用高压或常压进行灭菌处理，达标后卸袋、排场冷却。

3. 摆袋时期与方式

（1）摆袋时间

羊肚菌播种发育培养后，当菌丝发育由土内生长至爬上畦床土层，在土层表面显现“菌霜”（即白色分生孢子）时，把营养袋摆放畦面。一般在播种后8～12天开始摆放。

（2）摆放方式

摆袋前先在袋旁用刀片划破袋膜，也可采用钉板在袋面打孔；然后将破口摆放畦床土面。营养袋应放置在沿畦床播种的位置上，袋与袋之间距离30～35厘米。放置时要压平与畦土接触，有利菌丝吸收外源营养。营养袋摆放在畦面，每亩地一般摆放2000～2300袋。

（3）撤袋时间

营养袋摆放至菌丝伸入袋内，养分已被羊肚菌菌丝吸收完；且菌丝返回畦面时，进行撤袋为适。通常摆袋后以第一批菇采收完后立即撤袋。如果撤袋时间拖长，有时会出现线虫爬入袋中，反而对出菇有害。同时要把撤出的废袋按垃圾处理。

八、出菇管理关键技术

羊肚菌子实体生长发育阶段管理极为重要。许多栽培者在试验或进入商品化生产时，往往是菌丝培养很好，原基已分化菇蕾，但子实体不能正常发育，究其原因主要是管理失控。因此进入长菇阶段必须营造羊肚菌适应的生态环境条件。

1. 温度控制

羊肚菌子实体发育期的温度，以不低10℃和不超22℃，能控制在14～18℃最为适宜，保持自然气候的昼夜温差即可。南方出菇期常在春季1～3月。黄河以南地区3月上旬至4月中旬，此时地温10～14℃，棚内温度13～17℃正适长菇。东北气温低，清明才解冻，始菇期需延长到5月。

由于各产地气候差异甚大，在出菇管理上要特别注意当地自然气温，因地制宜调节适温。如果气温10℃时子实体发育困难，在北方则不宜采取野外长菇，应在室内调控适温长菇。南方3～4月除高海拔地区之外，一般温度均在10～18℃，对长菇有利。靠南省区或平原地区，长菇期自然气温超过20℃时，可采取适当加厚棚顶遮阳物，并在畦沟内浅度蓄水，降低地温，人为创造适于羊肚菌子实体生长发育的温度。

2. 湿度调节

出菇阶段要求菇棚内保持湿润环境，空气相对湿度85%～90%时，对长菇最为有利。在管理上注意控制"两个极限湿标"：一是相对湿度不低于70%，湿度低子实体分化不良，长时间干燥时停止生长，且还会出现萎缩。为此要保持湿润环境，棚里挂微喷设施，应在采菇完，选择下午4～7时开喷。二是要注意空气湿度过大时，由于缺氧易造成子实体腐烂，这种情况时无论温度多高，严禁喷水。

3. 适量光照

子实体生长发育适度的散射光，是生产优质羊肚菌商品菇必不可少的条件。子实体生长中期光照度需400～500勒。光照的调节要考虑到菇房内其他环境因素，尤其是温度对子实体生长发育的影响。野外栽培气温低时，可拉稀菇棚上方遮阳物，室内栽培应开启受光方向的门窗，增加光照度，并可提高室温。气温高时可加厚菇棚的遮阳物或白天关闭受光方向的门窗，并用麻袋、草帘等遮光，傍晚再开门窗通风，也能有效地控制菇房温度，并避免菇房光照过分强烈，影响产品质量。

4. 通风增氧

子实体生长阶段新陈代谢旺盛，需氧量较多。空气中的含氧量为20.9%、二氧化碳为0.03%、氮气78.1%、氩气0.9%，剩下的是惰性气体和比率不断变化的水蒸气。野外空气新鲜，自然条件比室内栽培好，长菇期菇房内空气中二氧化碳含量超过0.1%时，会出现发育不正常，变成畸形菇。室内栽培的通风要求达到两方面：一方面保持空气新鲜，使菇房内的空气状态接近外界；同时开动房内排气扇，使有害气体排出房外。另一方面春季长菇期有时气温高时，应采取早晚或夜间通风，每个通风口上挂一层麻布，喷水保湿。气温低时宜在中午通风，使菇房内保持空气新鲜。通风时注意避免温差大，寒风或干热风直吹菇体，避免造成温度波动，影响子实体正常生长。

九、不同地域不同方式栽培羊肚菌实例

为了让羊肚菌栽培者因地制宜生产，这里收集整理2016年3月有关羊肚菌人工栽培及产品开发的3次全国性学术交流的论文，选择不同地域、不同方式有代表性的栽培实例，供参考。

1. 云南贡山县山地栽培羊肚菌

云南省贡山县根据当地自然环境条件，采取山地栽培羊肚菌，成为低海拔地区栽培技术的改进与延伸。该技术于2016年3月经有关部门专家审定，结论是贡山独特的自然环境适合羊肚菌大面积栽培。这里根据丰庆香（2017）在《食用菌市场》第3期报道的技术，介绍如下。

（1）栽培料配方

常用的配方有以下几种供选择。

配方一：木屑75%、麸皮20%、磷肥1%、石膏1%、腐殖土3%。

配方二：棉籽壳75%、麸皮20%、石膏1%、石灰1%、腐殖土3%。

配方三：玉米芯40%、木屑20%、豆壳15%、麸皮20%、磷肥1%、石膏1%、糖1%、草木灰2%。

配方四：农作物秸秆粉74.5%、麸皮20%、磷肥1%、石膏1%、石灰0.5%、腐殖土3%。

上述配方按料水1∶1.3拌匀后，堆积发酵20天。采用17厘米×33厘米聚丙烯或聚乙烯塑料袋装料，每袋装量500～600克。然后在100℃条件下常压灭菌8小时，冷却后接入菌种。采用两头接种法，置于22～25℃下培养30天，

菌丝满袋后5～6天，即可进行栽培。

（2）栽培方式

下面介绍3种栽培方式。

室内脱袋栽培：菌房消毒后，先在每层床面铺放薄膜和原料，上面覆盖3厘米的腐殖土并拍平；将脱去塑料袋的菌种逐个排列在床上，床面每平方米可排40个17厘米×33厘米的塑料菌袋。保持土壤湿润，1个月后可长出子实体。

室外脱袋栽培：选择光照“三分阳七分阴”的林地作畦，畦宽1米，深15～20厘米。整好畦后喷水或轻浇水一次，用10%石灰水杀灭畦内害虫和杂菌，后续步骤和室内培养相同。另外，室外栽培底层不铺塑料薄膜，并注意温度变化，避免阳光直射。

室外生料栽培：选好“三分阳七分阴”或半阴半阳、土质疏松潮湿、排水良好的场地，深挖20～25厘米的坑，并在坑底浇足水；然后把配料加水拌匀，平铺底层压平，保持厚度4～5厘米。将菌种袋掰成核桃大小菌块，均匀散在料上；最后用腐殖土覆盖，并在其上铺第二层料，厚度和第一层相同。

（3）播种后管理

羊肚菌喜湿，生长环境必须保持湿度。如遇早春干旱，必须适时浇水，温度4～16℃时，能刺激羊肚菌子实体的形成。

（4）病虫害防治

羊肚菌的生长过程中，菌丝体与子实体都可能出现病虫害。通常以预防为主，栽培场地要消毒杀虫，保持场地环境清洁卫生。后期如出现虫害可在子实体长出前，喷10%石灰水予以杀灭。

2. 山西沁源县温棚栽培羊肚菌

山西省沁源县农业科研人员根据山西地域自然气候，利用现在农业设施温室大棚栽培羊肚菌。这里介绍该县农委程辉、郭俊东栽培技术如下。

（1）菌种选择

选用适应当地气候条件的菌种。以沁源县为例，野生的羊肚菌主要有尖顶羊肚菌和粗柄羊肚菌，在引进菌种时，应优先选择该类品种。

（2）生产季节

播种期温度应稳定在10～18℃之间，温度过低则不利于菌丝萌发。沁源山区播种期宜安排在10月中下旬，出菇时间为次年4月中下旬。

（3）栽培模式

结合当地气候环境和实际情况，选择中高棚栽培和拱棚栽培模式。中高棚栽培模式利用已有的温室大棚，只需要安装喷灌设施和遮阳网即可；而拱棚模式则是用长度为1.6～1.7米的钢筋搭建高75厘米的拱棚，每根钢筋间隔0.8～1米，外部覆盖遮阳网和塑料膜。温室大棚栽培内部温湿度稳定，且容易控制，产量较高，但投资成本大；而拱棚模式投资较小，但容易受外界环境变化影响，产量不稳定。

（4）栽培管理技术

栽培场选择沙质潮土、壤质潮土、腐殖质较多的土壤，要求地势平坦、无污染源、水源充足、排灌方便的田地。播前翻耕松土，垄面一般为80～120厘米，垄高为10～15厘米，垄间距离40厘米左右，留作过道。菌种拌匀，撒播垄面上，覆土2～3厘米，并整平垄面。在拱棚或拱棚外部直接覆盖一层遮阳网，使棚内形成散射光，以避免阳光直射。播种1个月左右，在垄面上放置营养袋，放置方式有立放和横放，立放营养袋需将袋底割开，横放营养袋需对袋底进行打孔，每平方米摆放4～6袋。营养袋放置时间根据菌丝冒出时间确定。

播种后保持土壤湿润，土壤上冻前加大水分含量，上冻期间不浇水，次年气温回升至12℃前为子实体形成时期，应逐渐加大水分管理，喷施重水1～2次。出菇期棚内温度应控制在10～22℃。应避免阳光直射。生长期每隔10天通风1次，在次年出菇前需将拱棚外表覆盖的遮阳网和塑料膜去掉，搭建简易遮阳棚，提升遮阳网高度，以确保棚内空气充足。

(5) 采收加工

山西省沁源县出菇时间，多在次年4月中下旬，子实体在出土后10天左右可生长成熟。应及时进行采收。

3. 甘肃省定西六妹菌株栽培技术

甘肃位于我国西北部，自然气候寒冷。羊肚菌栽培选用哪个菌株为适，而栽培技术如何实施？该省定西理工中等专业学校科研人员引用甘肃省科学院生物研究所M06～10六妹羊肚菌菌株，因地栽培。这里介绍冉永红栽培技术。

(1) 培养基配制

下面介绍3级菌种及营养袋配方。

母种培养基配方：马铃薯200克，葡萄糖20克，琼脂20克，麦麸30克。

原种培养基配方：木屑70%，小麦10%，麦麸10%，腐殖土7%，生石灰1%，石膏2%，含水量60%。

栽培种培养基配方：木屑57%，小麦33%，腐殖土

7%，生石灰1%，石膏2%，含水量60%。

外源营养袋配方：棉籽壳35%，木屑27%，小麦30%，腐殖土5%，生石灰1%，石膏2%，含水量60%。

菌种袋：15厘米×28厘米，厚0.05毫米，聚丙烯。外源营养袋12厘米×28厘米，厚0.03毫米，聚乙烯。小麦选择颗粒饱满、无蛀虫、无霉变的优质小麦。使用前用石灰水浸泡至无白心为宜，木屑选用榆木杂木屑，大小为0.5～0.8厘米，使用前3～5个月进行预湿堆置、软化处理，含水量保持在50%～60%。腐殖土来自岷县，土质疏松有弹性。石灰为熟石灰。

（2）菌种培养

试管种母种培养基，在生化培养箱内恒温23℃，避光培养7～10天获得母种。菌丝尖端白色、浓密，长势均匀。用原种培养基20～23℃，暗室培养20～25天得原种。菌核初期白色、小，后期浅黄或棕褐色。栽培种在20～23℃暗室培养20～25天，即可长满栽培袋。菌丝浓密，生长迅速，产生适量菌核。

（3）选棚整地

选择80米×5米的塑料大棚外加六针遮阳网；配通风和喷灌设施。播种前1个月翻整土地，提前撒石灰50～75千克；栽培场地进行开沟处理：厢面宽度80～100厘米，开沟深度15～25厘米。

（4）脱袋播种

栽培季节2月上旬至4月下旬，当气温15～18℃时开始播种，脱掉菌种袋揉碎，按每亩200～225千克菌种量，均匀散播并覆土3厘米左右。同时每亩地按1800袋（12厘米×28厘米）摆放外源营养袋，覆盖白色地膜，用土块间隔地压住地膜即可。

（5）初期管理

播种后第2天菌丝开始萌发，4～7天基本占领厢面，约10天产生分生孢子（菌霜），期间每天检查菌丝萌发情况。

在撤外源营养袋前，土壤湿度应保持在20%～25%。撤袋后应将土壤湿度提升30%～35%，同时进行第一次喷水刺激土壤，湿度控制在35%左右，2～3天后下降到30%左右。撤袋后重点工作是湿度，但刺激不是由一点完成的，根据操作程序执行其他刺激，包括光照、氧气等。

（6）出菇管理

土壤水分保持前期的湿度即可，但空气湿度最好达到80%～90%，喷水一定要注意细节的掌控，一般10点前、16点后喷水；喷水时一定喷向空中，不可直接喷到菇体上。温度高于18℃时不可喷水。白天封闭大棚增温，确保地温达到出菇所需的8～12℃。晚上通风降温加大温差刺激出菇。出菇期间主要虫害是蛞蝓、跳虫等，人工捕杀。

（7）采收加工

出菇后菇体保持在5～7厘米最佳。早期菇采摘以菇帽5～7厘米为宜，中期菇采摘以菇帽4～5厘米为好，尾期菇菇帽2～4.5厘米均可采摘。

4. 羊肚菌机耕化和培养料发酵技术

在羊肚菌人工栽培进入广泛推广阶段，创新技术不断出现，为羊肚菌进入规模化生产提供了技术支撑。湖北省保兴现代化农业科技公司和许昌真菌学会程辉、郭俊东（2016年）介绍了羊肚菌栽培场地机耕化与发酵料技术，供参考。

（1）栽培场地机耕处理

选择地势平坦，水源较近，周边没有污染源的地块，每亩用50～150千克生石灰进行消毒处理后旋耕土地。

用大豆播种机，每亩播种量175～200千克，然后用微耕机进行微耕一次。采用开沟机进行开沟整畦，沟宽30厘米，深5厘米，畦宽1.2米。用15厘米的开孔器，开成间距20厘米的黑地膜，然后用覆膜机把打过孔的地膜覆盖播种过的畦床上。菇棚上方用6针遮阳网，搭建成6米×45米的标准遮阳棚，并安装定时微喷装置。

（2）培养料配制

下面几组配方可任选：

配方之一：棉籽壳100千克，麸皮和玉米糁共10千克，石膏粉1.5千克，激活酶0.3千克，石灰2千克。

配方之二：玉米芯100千克，麸皮10千克，玉米糁5千克，石膏粉1.5千克，激活酶0.3千克，石灰3千克，营养素0.1千克。

配方之三：豆秆100千克，麸皮和玉米糁共15千克，石膏粉1.5千克，激活酶0.3千克，石灰3千克，营养素0.1千克。

配方之四：棉籽壳50千克，玉米芯50千克，麸皮和玉米糁共10千克，石膏粉1.5千克，激活酶0.3千克，石灰2.5千克，营养素0.1千克。

配方之五：玉米秆或野草、稻壳35千克，锯末15千克，棉籽壳50千克，麸皮和玉米糁共15千克，石膏粉1.5千克，激活酶0.3千克，石灰2千克，营养素0.1千克。

先把棉籽壳、玉米芯等主料平摊在地面，再加水130%，为防止水分流失，要边兑水边翻料，并使水与料充分掺匀。把激活酶、石膏、营养素等辅料，分别兑水均匀地撒在主料上，然后把麸皮、玉米糁和石灰在水泥地上掺匀后，平撒在主料上。最后把各种主辅料用机械或铁锹充分翻匀。锯末屑则需提前6～7天预湿。

（3）建堆发酵

先在场地中央用木板紧贴地面搭成“人”字形风口，使外部新鲜空气源源不断地进入料中。然后把翻匀的料建成宽0.8～1.0米，高0.6～1.0米，长度不限的料堆；每隔30～50厘米，用铁锹在料堆自上而下打洞；最后把四周清扫干净，用透气的编织袋盖严料堆，使料既通风又保湿。经过1～2天料温达到60℃以上时，维持12～24小时开始翻堆。翻堆时上部和底部的料放中间，中间的料放上部和下部，四周打扫干净后按前述方法重新建堆，以后每隔1～2天翻一次堆。经过7～10天，当料内有大量放线菌出现，手握料有水渗出但不下滴时，发酵即告结束。翻堆时若发现料干，必须在装袋前3天补足水分。

5. 野外仿生栽培管理技术

现有羊肚菌栽培主要采取熟料袋栽或床栽，能否像竹荪那样采用生料野外栽培？各地也都在探索与攻关，并取得突破性进展。吉林省蛟河市长白山真菌研究所王绍余近年来根据黑脉羊肚菌生长适合的环境场所，把室内培养生理成熟的菌袋，排放于整理好的野外畦床上，进行覆土培育，长出黑脉羊肚菌子实体。陕西理工学院生物科学与工程学院、汉中市第三中学、略阳县食用菌工作站3家联合，在秦巴山区连续3年分别在宅基地、林下山峪间、林缘边3个场地，进行仿生栽培试验，获得出菇。其中在林缘边，坡向朝西的缓坡栽培6米^2，3月下旬长出羊肚菌22朵，总鲜重655.6克，其中最大一朵重45.9克。野外生料栽培方法如下。

（1）选地挖坑

秦岭腹地海拔1100米的略阳县崔家山，稀疏林下及林缘地进行生料栽培试验。山势从东向西，林相以栎类、桦树为主；灌木以马桑为主。土质为黄砂石土，pH7.5，年均降水量860毫米，年均气温13.2℃，年无霜期230天左右。11月初在林下及林缘边平缓的半阴半阳、土质疏松潮湿、排水性好的坡地，挖20～25厘米的栽培坑。

（2）铺料播种

先用水将坑底浇湿，在湿土上铺一层培养料，压平后再铺料厚4～5厘米。菌种按每平方米2袋（12厘米×28厘米袋），播种时将菌种掰成2～3立方厘米大小的菌块，均匀地撒在料上；并覆盖薄薄的一层细腐殖土。然后铺第二层料，压平后仍以同法播种，并覆盖3～5厘米厚的疏松腐殖土；再盖一层阔叶树叶，并在其上适当洒些水，以保湿保温。在树叶上搭盖一些树枝或刺条，以防人畜践踏或树叶被风吹掉。

（3）出菇管理

羊肚菌是喜湿的菌类，整个生长过程中保湿十分重要。早春遇干旱时，要适时浇水；遇4℃以下寒冷或16℃以上温热时，会影响子实体发育。因此，气温低时要覆盖稻草、麦草或玉米秸秆等保温；气温高时要掀开覆盖物，加强通风换气。早春3～4月阳光照射，适当提高地温。白天用塑料薄膜搭盖保温增湿，晚上掀开覆盖物降温，造成4～16℃的温差刺激，以便形成子实体。并注意防冻害。

十、羊肚菌人工栽培技术规程

羊肚菌已进入社会化规模栽培新时期，各地区为了更好地保护资源，规范种植，保证产品质量，在长期实践中总结出一套适合当地气候土壤特点的地方标准。四川省金堂县为“中国羊肚菌人工栽培核心主产区”，制定有《金堂羊肚菌栽培技术规范》，在全县全面实施。云南省主产区制定有符合地域的羊肚菌栽培技术规范。这里介绍中国食用菌商务网《食用菌市场》杂志2018年第4期刊登的《羊肚菌人工种植生产技术规程》，供栽培者参考。

1. 范围

本标准规定了羊肚菌人工栽培生产的术语和定义、产地环境和栽培基质、菌种、生产季节、土地整理、培养料配制、灭菌、播种和发菌期管理、覆土、遮阳和保湿、出菇期管理、病虫害防控、采收、烘干和贮藏、生产档案建立和记录。本标准适用于人工栽培羊肚菌的生产。

2. 规范性引用文件

下列文件对于本文件的应用是必不可少的。凡是注日期的引用文件，仅注日期的版本适用于本文件，凡是不注日期的引用文件，其最新版本（包括所有的修改单）适用于本文件。

GB5749 生活饮用水卫生标准

GB/T8321（所有部分）农药安全使用准则

GB/T12728—2006 食用菌术语

NY/393—2013 绿色食品　农药使用准则

NY/T528—2010 食用菌菌种生产技术规程

NY5099—2002 无公害食品　食用菌栽培基质安全技术要求

NY5358—2007 无公害食品　食用菌产地环境条件

3. 术语和定义

GB/T12728—2006 界定的以及下列术语和定义适用于本文件。

（1）土地整理

用于生产种植土地整理及浇灌设施。

（2）配料

将种植需用材料按一定的比例搅拌均匀，装袋。

（3）灭菌

将装好袋的培养基料按要求摆放，每袋 40 千克，蒸汽加热到 100℃进行灭菌 24～30 小时。

4. 产地环境和栽培基质

（1）产地环境

应符合 NY5358—2007 的规定。无污染和生态条件良好，周围 3 千米以内没有污染企业。地势高燥平坦，交通便利，空气清新，水质良好，排灌方便。

（2）栽培基质

应符合 NY5099—2002 的规定，生产用水应符合 GB5749 的要求。

5. 菌种

（1）品种选择

选用优质、高产、抗逆性强、适应性广、商品性状好的品种。

（2）菌种生产

按 NY/T528—2010 的规定执行。

6. 生产季节

根据羊肚菌生长发育的特性，利用自然气温安排生产，9月至10月上旬整理土地，购置材料，10月中旬至11月上旬前后播种、覆土，12月下旬至翌年2月上旬为越冬期，次年2月至4月中旬为羊肚菌生长期。

7. 土地整理

（1）施肥

将土地深翻一遍，大块连片土地可用拖拉机。然后在地里播撒一遍生物有机肥，每亩地200～300千克。

（2）起垄分畦

用旋耕机把土地耕两遍、平整。在平整的地表撒白石灰线，规格1～1.2米/畦，畦面上起垄3～4行，畦中间留40厘米排水沟。

8. 培养料配置

（1）基料配制

基料配方：粗锯末、稻壳按5∶1，含水量60%～65%（以手捏能挤出水为宜）。

（2）营养袋配制

木屑、麦粒清水浸泡24小时，与稻壳以1∶1∶1的比例，加入少量腐殖土，含水量60%～65%。

（3）营养袋制作

营养袋选用14厘米×28厘米或15厘米×30厘米的聚丙（乙）稀袋，装入营养料用扎口机扎紧袋口，然后常规灭菌即可（可参考香菇灭菌方法，消毒10个小时）。

9. 播种管理

（1）播种时间

羊肚菌属低温高湿型真菌，3～5月雨后多发生，8～9月也偶有发生。生长期长，除需较低气温外还要较大温差，以刺激菌丝体分化。菌丝生长温度为21～24℃；子实体形成与发育温度为4.4～16℃，空气相对湿度为65%～85%。为此，栽培时间应在11～12月（农历十月初一至十五前后为最佳时期。）

（2）播种环境

①日照；微弱的散射光有利于子实体的生长发育。忌强烈的直射光。

②土壤：土壤pH值宜为6.5～7.5，中性或微碱性有利于羊肚菌生长。羊肚菌常生长在石灰岩或白垩土壤中。在腐殖土、黑或黄色壤土、沙质混合土中均能生长。含沙质土壤种植最好，透水性能好，需有灌溉条件。

③空气：在暗处及过厚的落叶层中，羊肚菌很少发生。足够的氧气对羊肚菌的生长发育是必不可少的。

10. 播种方法

（1）有基料栽培

在垄沟内先撒一层2～3厘米厚的基料，把菌种从培养瓶中拨出来，倒在干净的盆子里，戴上乳胶手套，把种子揉碎后，搅拌均匀撒在基料上，用量1瓶菌种播1.3～1.5米^2，每亩地400～500瓶为宜。

（2）无基料栽培

不需要在垄沟内播撒基料，直接将揉碎拌好的菌种撒在垄沟内。

11. 覆土

播种后，把预留排水沟的土覆盖到畦面上，厚度 2～3 厘米。

12. 遮阴保温拱棚

覆土完成后，在畦面上用钢筋或竹片搭建 60～80 厘米高的遮阳网拱棚，四周用土压好。棚内放置温湿度计，以方便观测菌体生长环境。待平均气温降到 5℃以下时，再在遮阳网上覆盖一层薄膜，用于保温。

13. 栽后管理

（1）浇水

羊肚菌喜湿，生长环境必须保持湿度。菌种播种后，2～3 天浇水 1 次。以后，根据天气情况和土壤湿度进行浇水灌溉，冬季一般每月浇水 1 次。

（2）放置营养袋

①放置时间为第一次水浇完后，可安排生产营养袋。播种 2～3 周，进行放置营养袋。

②放置方法，选择营养袋一平面用 1 厘米×1 厘米钉板扎孔后，有孔的一面朝下，放在沿畦面垄沟播种的位置上，间距 50～60 厘米，放置时要压平，尽量与地面接触。

（3）通风管理

气温较高时，采取早晚或夜间通风；气温较低时，中午通风。

（4）光线管理

棚内以弱散射光为主，避免强光直射。

（5）出菇管理

早春雨水较多，温度合适，则菌丝体、子实体生长良好。如早春遇干旱，必须适时浇水。早春在几周之内有4～16℃的温度，能刺激羊肚菌子实体的形成；如果这时温度变化剧烈（低于4℃或高出16℃），都会影响子实体的发育。总之，在早春对羊肚菌保持适宜温湿度是栽培成功的关键。选择每天中午气温较高时通风，维持棚内温度15～20℃，相对湿度保持在85%。3月份以后，室外气温高于15℃时，在畦间预留排水沟的地方打穴栽立杆（杆高22～2.5米，以不碰头为宜），杆上边拉铁丝，盖遮阳网（株距4米，行距3米为宜）。

14. 病虫害防控技术

（1）坚持以防为主

防控结合，搞好环境消毒和清洁卫生；加强管理，合理协调温度、湿度和通风三者关系。按GB/T8321和NY/T393—2013的规定使用农药，禁止使用高毒、高残留农药。

（2）病害防治方法

搞好环境卫生，减少杂菌感染，发菌期培养料发现有石膏霉及其他霉菌感染时，及时将污染物清理出菇房，并加大通风量，或喷洒奥绿宝活力菌100～500倍液喷雾。出菇期发现子实体细菌性病害时，清除病菇并喷洒0.1%漂白粉或规定用量的农用链霉素水溶液。发现霉菌性病害时，用50%咪鲜胺1000倍液喷雾。

（3）虫害防治方法

搞好周围环境卫生，减少虫源。出菇期发现菇螨危害，用1%食醋、5%糖水和10%敌敌畏混合拌入麦麸中，制成毒饵，撒在地面进行诱杀，或用1.8%阿维菌素乳油3000～4000倍液喷雾。

15. 采收加工和贮藏

（1）采收

在菌体长到10～12厘米时应及时采摘。采摘时用小刀割断菇柄采下，避免带下周围小菇。

（2）烘干

采摘的新鲜菌体，应即时晾晒或烘干，避免挤压霉变。一般先在30～35℃时烘干2～3个小时，然后在60℃温度下烘干2个小时。

（3）贮藏

鲜菇在1～5℃冷库中贮藏。干菇应装塑料袋内密封阴凉存放。

16. 建立生产档案和记录

应建立生产档案，记录原辅材料来源、生产过程操作规程、药剂及产地、病虫害发生和防治、采收等相关内容。

第六章
羊肚菌病虫害绿色防控技术

一、病虫害绿色综合防控措施

综合防治包括生态防治、生物防治、物理防治、科学用药防治，根据绿色食品的要求，提出具体实用性绿色防控的细化措施。

1. 生态防治

生态防治要求生产基地环境净化，清除污染源，这是防治病虫害从源头抓起的措施之一，具体技术如下。

（1）优化产地环境

绿色羊肚菌产地条件应按照本书第三章绿色工程基准条件。强制执行“三不许”：土壤、水源、空气不许曾经被污染；生产过程中不许被工业“三废”、生活垃圾等污染源侵染；3千米内不许有禽畜场、医院、生活区、化工厂、扬尘作业等。土壤、水源、空气质量应符合绿色产地标准。

（2）净化长菇场所

清除栽培房棚四周杂物，铲除病虫滋生土壤，撒施石灰、喷洒杀虫剂，彻底灭菌、除虫，保持干净整洁。房棚内气化消毒，注意墙边、棚边等死角，达到无害化条件。

（3）改变理化基础

现有羊肚菌大面积生产的场地是野外菇场，长期种菇的场地，病虫繁殖指数和抗逆能力也随之上升和增强。因此最好是实行菇稻轮作，一年种羊肚菌，一年种水稻，通过水旱轮作改善土壤理化性状，隔断寄主病虫源，降低虫害基数，减轻病虫害发生程度。这是绿色有效防控病虫源的重要手段之一。

2. 物理防治

物理防治是利用各种物理因素，人工或器械杀灭害虫的一种重要手段。较为常用的采取特殊光线，如紫外线灭菌，采用臭氧灭菌、黑光灯杀虫等。绿色栽培物理防治新方式见表 6-1。

表 6-1　绿色栽培物理防治措施

防治方式	具体做法	防治对象
新型防虫网	以聚乙烯（PE）为原料，添加紫外线稳定剂，组成无毒无味的网状织物。在菇房门窗和周围，以网作为隔离屏障，拒虫于网外	菇蚊、菇蛾、叶蝉、菇蝇、蓟马
动感黏虫板	利用化学光源学原理，制成黏合板夜间发光胶，以罐头自喷黏胶，挂于发菌室和菇房门窗、培养架旁粘杀虫害	菇蚊、菇蛾、叶蝉、菇蝇、谷盗、跳虫
黄色诱杀板	利用一些害虫对黄色的强烈趋性，将纤维板或硬纸板裁成 1 米×0.2 米长条，涂成橙黄色，再用 10 号机油加少许黄油调匀涂于板上，置于门窗和培养架旁粘杀虫害	菌螨、菇蚊、菇蝇、谷盗、蝼蛄
灭蚊灯	该灯由诱光灯、吸风扇、灭蚊网袋 3 部分组成。根据蚊、蝇、蛾等虫害趋光性特点，用特定波段的诱虫灯管，夜间开灯诱杀，风干而死。750 $米^2$ 房棚安装一盏 8 瓦杀虫灯	菇蚊、菇蛾、叶蝉、菇蝇、白蚂蚁

续表

防治方式	具体做法	防治对象
杀虫器	采用近距离用光、远距离用波，利用害虫自身产生的性激素引诱异性虫飞向灭虫器，通过空气导流罩的作用，由吸风扇将害虫吸入集虫箱内，被内置式高压电网击毙。150 米^2 房棚安装一台 16 瓦灭虫器即可	菇蚊、菇蛾、蓟马、白蚂蚁
捕鼠器	野外发菌室和长菇房常遭鼠害。采用铁丝夹、板夹、捕鼠笼装上诱鼠饵，捕捉除害	家鼠、山野鼠
挖坑驱杀	菇场周围挖 50 厘米深、40 厘米宽的环形坑，可防白蚁入侵；采用浸、灌水入坑淹死或驱出白蚁	白蚁

3. 生物防治

这里介绍生物制剂及使用方法，见表 6-2。

表 6-2　绿色栽培生物制剂防治对象与使用方法

防治对象	制剂与使用
霉菌	①草木灰 10～15 千克，兑水 50 千克，浸泡 24 小时后取滤液喷洒； ②辣椒 35 克，水 1000 克，辣椒煮沸 10～15 分钟，去渣滤液喷受害处； ③大蒜头 3 千克捣成糊状，100 千克水浸 30 分钟，去渣滤液喷洒； ④红糖 300 克溶于 500 毫升水中，加 10 克白衣酵母，置室内，每 10 天拌 1 次，发酵 15～20 天，待表面现白膜层后，取酵母液加入米醋、烧酒各 100 毫升，兑水 100 升。每天 1 次，连喷 4～5 天

续表

防治对象	制剂与使用
线虫、谷盗	①猪胆液浓度10%，加适量水、苏打或中性洗衣粉，喷洒受侵处； ②烟梗或烟叶切碎按1∶40比例兑水，煮沸1小时，凉后过滤取液喷洒，每亩75千克； ③苦皮藤抽提液，辣椒粉50克，水1000克，煮10分钟喷洒
菌螨、红蜘蛛	①鲜烟叶平铺在菌螨危害的料面，待螨爬上后取叶烧掉；采用猪骨放于菇床上，间距10～20厘米，诱螨后置沸水中烫死； ②醋100毫升，沸水1000毫升，糖100克混匀，滴入2滴敌敌畏配成糖醋液，纱布浸透后放于有螨处，诱后沸水烫死； ③茶籽饼粉炒出油香时出锅，料面上盖湿布，上再放纱布，油香粉撒在纱布上； ④洗衣粉400倍液，连续喷雾2～3次； ⑤番茄叶加少量水捣烂、榨渣，以3份原液2份水，加少量肥皂液喷洒
蚊、蝇、蛾	①草木灰10千克，配50千克水浸泡24小时，取滤液喷洒，每亩用量20～30千克； ②大蒜、洋葱各20克混合捣烂，纱布包好，置10千克水中24小时，取液喷洒； ③半夏、大蒜、桃树叶和柏树叶混合捣烂，以1∶1加水浸泡后取液喷洒； ④农用蚊香，在发菌室、出菇房内熏蒸驱杀
蜗牛、蛞蝓	①蜗牛、蛞蝓喜食白菜，可在菇房四周及畦床上，分别放些菜叶引诱其取食，再从菜叶上捕捉，投入石灰或盐水盆中杀死； ②茶饼粉1千克，兑水10千克，浸泡过滤后，加水100千克，喷洒出入场所； ③食盐，按20倍液喷洒

续表

防治对象	制剂与使用
蓟马、蝼蛄（地老虎、地下虫）	①烟叶1千克加水10千克浸泡2次，搓揉取汁合并，加石灰10千克调匀喷杀；②90%晶体敌百虫130～150克、白糖250克、白酒50克，兑5千克温水搅匀，5千克麦麸炒香，冷却后倒入拌匀。选晴天傍晚将药放在畦床上诱杀；③皮藤提取液喷雾

二、常见杂菌与绿色防治技术

1. 木霉特征与防治

木霉（*Trichoderma* spp.）又名绿霉。为害羊肚菌的主要有以下几种木霉：绿色木霉（*T. uiride*）、康氏木霉（*T. koningii*）、粉绿木霉（*T. glaucum*）、多孢木霉（*T. polysporum*）和长梗木霉（*T. longibrachiatum*）。

（1）形态特征

木霉菌丝生长浓密，初期呈白色斑块，逐步产生浅绿色孢子。菌落中央为深绿色，向外逐渐变浅，边缘呈白色；后期变为深黄绿色、深绿色，其会使培养基全部变成墨绿色。菌丝有隔膜，向上伸出直立的分生孢子梗，孢子梗再分成两个相对的侧枝，最后形成梗。小梗顶端有成簇的分生孢子。两种木霉形态见图6-1。

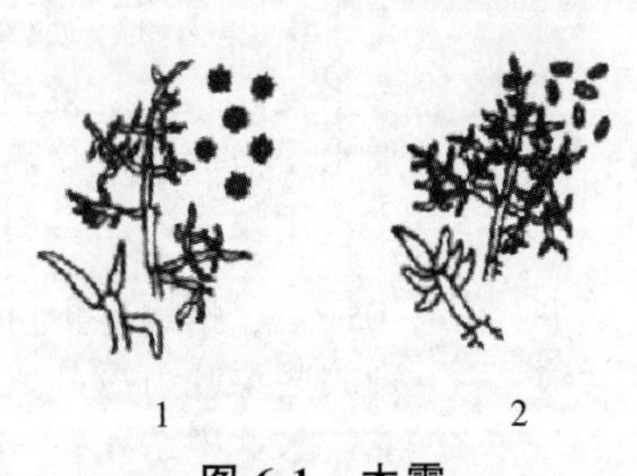

图6-1　木霉

1. 绿色木霉　2. 康氏木霉

（2）发生与危害

木霉菌为竞争性杂菌，又是寄生性的病原菌。它既能寄生于菇类的菌丝和子实体，又有分解纤维素和木质素的能力。木霉菌丝接触寄主菌丝后，能把寄主的菌丝缠绕，切断；还会分泌毒素，使培养基变黄消解。木霉菌适于在15～30℃偏酸性的环境中生长。常发生在菌种和营养袋的培养基内，也侵染在子实体上。它与菇菌争夺养分和生存空间。受其侵染后，养分破坏，严重的使培养基全部变成墨绿色，发臭，导致整批菌袋腐烂；子实体受其侵染后霉烂，给栽培者带来严重损失。

（3）防治方法

注意清除培养室内外病菌滋生源，净化环境，杜绝污染源；培养基灭菌必须彻底，接种时严格执行无菌操作；营养袋堆叠要防止高温，定期翻堆检查；注意通风换气。如在营养包培养基上发现绿色木霉时，这些菌种应立即淘汰。如在营养包料面发现绿霉菌，可用5%石炭酸溶液，注射于受害部位，污染面较大的采取套袋，重新进行灭菌处理。若在成菇期发现应提前采收，避免扩大污染。

2. 链孢霉特征与防治

链孢霉（Pink mold）亦称脉孢霉（*Neurospora*）、串珠霉，俗称红色面包霉，属于竞争性杂菌之一。

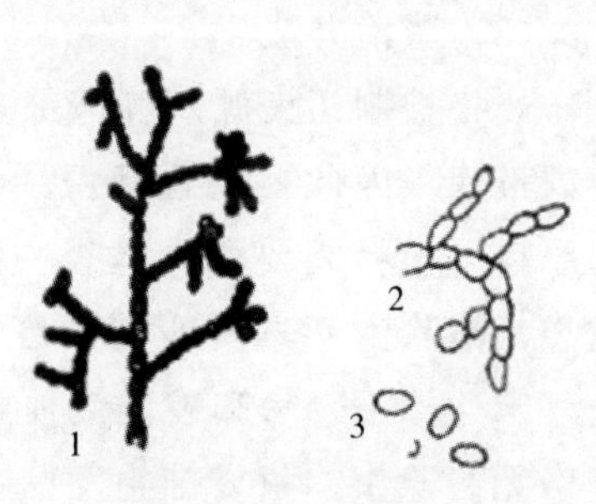

图 6-2　链孢霉

1. 孢子梗分枝　2. 分生孢子穗

3. 孢子

（1）形态特征

链孢霉是最为常见的一种杂菌，其菌落初为白色、粉粒状，后为绒毛状；菌丝透明，有分枝、分隔，向四周蔓延；气生菌丝不规则地向料中生长，呈双叉分枝。分生孢子成链状、球形或近球形，光滑。分生孢子初为淡黄色，后为橙红色。其形态见图6-2。

（2）发生与危害

链孢霉是土壤微生物，适于高温高湿季节繁殖，25～30℃时其孢子6小时即可萌发，生长迅速，2～3天完成一代，广泛分布于自然界，夏天易受污染，不到3天气生菌丝向外伸出袋面破口处，向下长到料底。菌丝细而色淡，氧气不足，就只长菌丝暂不长孢子；稍有一些空气，气生菌丝就会长出一些粉红色分生孢子。菌种瓶口棉塞灭菌时受潮吸湿，栽培袋破孔的就更易污染，还能从棉塞长出成串的孢子穗，形同棉絮状，蓬松霉层。孢子随风传播蔓延扩散极快。初秋接种后的菌袋，最常见的杂菌污染就是链孢霉。其分生孢子耐高温高湿，干热达130℃尚可潜伏。分生孢子为粉末状，数量大、个体小，随气流飘浮在空气中四处扩散；也可随人体、衣物、工具等带入接种箱（室）、培养场所，传播力极强，危害严重，给生产造成极大损失。

（3）防治办法

严格控制污染源。链孢霉多从原料中的棉籽壳、小麦、麦麸带入，因此要选择新鲜、无霉变，并经烈日暴晒杀菌的原料。塑料袋要认真检查，剔除有破裂与微细针孔的劣质袋；清除生产场所四周的废弃霉烂物；培养基灭菌要彻底，未达标不轻易卸袋；接种可用纱布蘸酒精擦袋面消毒，严格无菌操作；菌袋排叠发菌室要干燥，防潮湿、防高温、防鼠咬；出菇期喷水防过量，注意通风，更新空气。

一旦在菌种袋口或营养袋料面上发现链孢霉时应立即将其淘汰；在袋料面发现时速将菌袋排稀，疏袋散热，并用石灰粉撒于袋面，起到降温抑制杂菌的作用。链孢霉极易扩散，当菌袋受其污染时，最好采用塑料袋裹住，套袋控制蔓延。若在袋外已发现分生孢子时，可用生物制剂草木灰或大蒜液喷杀，切不可随处乱扔，以免污染空间。

3. 毛霉特征与防治

毛霉（*Mucor*）又名长毛菌、黑面包霉。主要危害羊肚菌的有：总状毛霉（*M. racemosus*）、大毛霉（*M. mucedo*）、刺状毛霉（*M. spinosus*），属真菌门毛霉目。

（1）形态特征

菌丝白色透明，分枝，无横隔，分为潜生的营养菌丝和气生的匍匐菌丝。孢子梗从匍匐菌丝上生出，不成束，单生，无假根。孢子囊顶生，球形，初期无色，后为灰褐色。孢囊孢子椭圆形，壁薄。结合孢子从菌丝生出。PDA培养基上气生菌丝极为发达，早期白色，后灰色，与根霉相比黑色小颗粒明显少。其形态见图6-3。

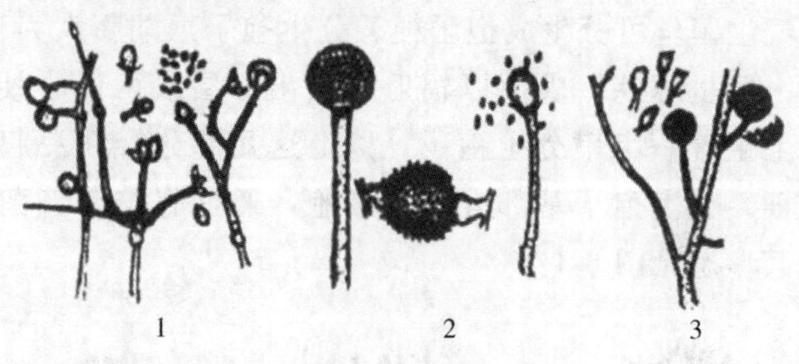

图 6-3　毛霉

1. 总状毛霉　2. 大毛霉　3. 刺状毛霉

（2）发生与危害

毛霉常发生在菌种或营养袋的培养基上，适应性极强，生长迅速。蔓延极快，随着菌丝生长量增加，形成交织稠密的菌丝垫。原因多为周围环境不卫生，培养室、栽培场通风不良，湿度过大；菌瓶棉塞受潮或菌袋内培养基偏酸或含水量过高。这种霉菌发生在培养基上与菇类菌丝争夺养分，破坏菌丝正常生长，直至菌袋变黑报废。

（3）防治方法

注意净化环境，培养基灭菌彻底，严格接种规范操作，加强房棚消毒，注意室内通风换气，降低空气相对湿度，以控制其发生。一旦在菌袋培养基内发现污染，可用70%～75%酒精或用 pH 9～10 的石灰上清液注射患处。

4. 曲霉特征与防治

曲霉（*Aspergillus*），其品种较多，危害羊肚菌的主要有：黑曲霉（*A. niger*）、黄曲霉（*A. flavus*）、土曲霉（*A. terreus*）、灰绿曲霉（*A. glaucus*）。

（1）形态特征

曲霉的菌丝比毛霉菌粗短，初期为白色，以后会出现黑、黄、棕、红等颜色。其菌丝有隔膜，为多细胞霉菌，部分气生菌丝可分生成孢子梗。分生孢子顶端膨大为顶囊。顶囊一般呈球状，表面以辐射状长出一层或两层小梗，在小梗上生着一串串分生孢子。以上这几部分合在一起称为孢子穗。分生孢子基部有一足细胞，通过它与营养菌丝相连。其形态见图 6-4。

1

2

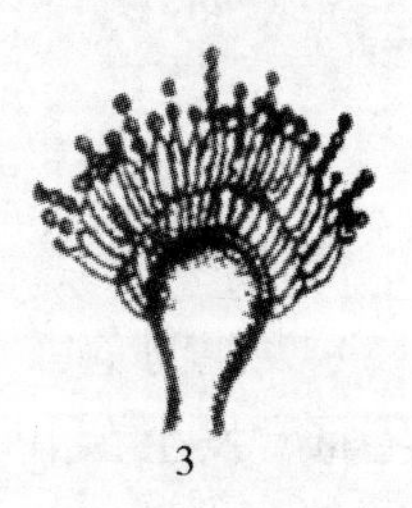
3

图 6-4　曲霉

1. 黑曲霉　2. 黄曲霉　3. 土曲霉

（2）发生与危害

曲霉广泛分布在土壤、空气和各种有机物中。在25℃以上，湿度偏大，空气不新鲜的环境下发生。曲霉在羊肚菌菌袋接种培养上，常发生侵染培养料表面，争夺养料和水分，分泌有机酸的霉素，影响羊肚菌菌丝的生长发育；并发出一股刺鼻的臭气，致使羊肚菌的菌丝死亡；同时也危害子实体，造成烂菇。

（3）防治措施

除参考木霉、链孢霉防治办法外，还可采取加强通风，增加光照，控制温度，造成不利于曲霉菌生长的环境。一旦发生污染，首先隔离污染袋，并加强通风，降低相对湿度。污染严重时，可喷洒pH 9～10的石灰清水；成菇期发生为害时，可提前采收。

5. 青霉特征与防治

青霉（*Penicillium*），常见的有：产黄青霉（*P. chrysogenum*）、圆弧青霉（*P. cyclopium*）、苍白青霉（*P. Pallidum*）、淡紫青霉（*P. lilacinum*）、疣孢青霉（*P. verruculosum*）。

（1）形态特征

青霉在自然界中分布极广，菌丝前期多为白色，后期转为绿色、蓝色、灰绿色等。青霉的菌丝也与曲霉相似，但没有足细胞。孢子穗的结构与曲霉不同，其分生孢子梗的顶端不膨大，无顶囊，而是经过多次分枝产生几

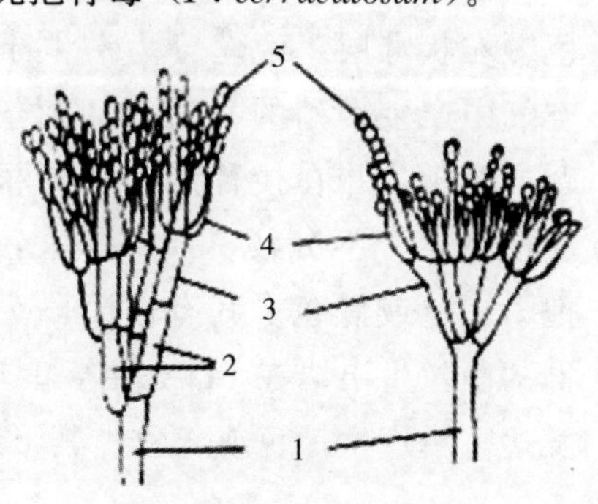

图6-5　青霉

1. 分生孢子梗　2. 副枝　3. 梗基　4. 小梗　5. 分生孢子

轮对称或不对称的小梗，小梗顶端产生成串的分生孢子，呈蓝绿色。其形态见图 6-5。

（2）发生与危害

青霉一般侵染培养料表面，出现形状不规则、大小不等的青绿色菌斑，并不断蔓延。适宜温度 20～25℃，在弱酸性环境中繁殖迅速，与羊肚菌的菌丝争夺养分，产生毒素隔绝空气，破坏菌丝生长，影响子实体的形成。

（3）防治方法

参考木霉防治办法。特别强调发菌培养室应加强通风，菇棚保持清洁；同时注意降低温湿度，以控制其发生。若菌袋局部发生时，可用5％～10％石灰水涂刷或在患处撒石灰粉。

6. 根霉特征与防治

根霉（*Rhizopus*）又名面包霉，危害菇菌的主要是黑根霉（*R. stolonifer*）。

（1）形态特征

根霉初期灰白或黄白色，后变成黑色，到后期变成黑色颗粒状霉层。菌丝分为潜生于基物内的营养菌丝和生于空气中产生繁殖的气生匍匐菌丝。后者与基质面平行作跳跃式蔓延，并在接种点产生假根，孢囊梗由此长出。多孢囊梗丛生，不分枝，顶部膨大，初为白色，后变黑。孢囊孢子无色或黑色。其有性阶段为结合孢子，从营养菌丝或匍匐菌丝生出，在 PDA 培养基上菌落初为白色，气生菌丝发达，后产生黑色或灰色。其形态见图 6-6。

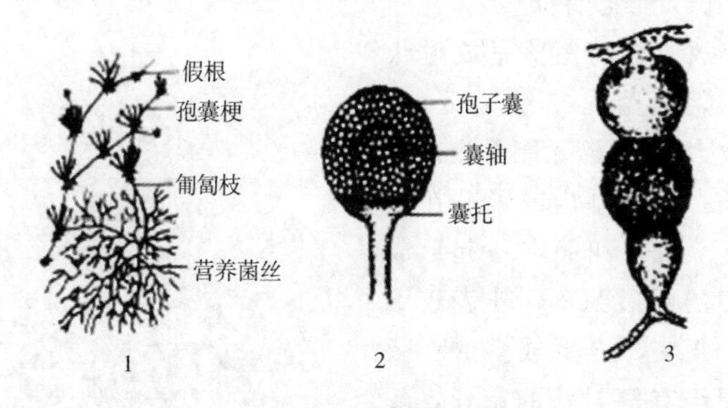

图 6-6　根霉

1. 生长状况　　2. 孢子囊　　3. 结合孢子

（2）发生与危害

根霉发生的主要原因，常由于培养室、栽培房通风不良，湿度过大，培养基含水量过多。在 pH4.0～6.5 的范围生长较快。主要破坏培养基内养分，受害处表面形成许多圆球状小颗粒体，出现霉层，使菇类的菌丝无法生长。

（3）防治方法

首先把好基质关，配料时掌握好含水量，灭菌保证达标，装袋、搬袋过程严防破袋，接种严格执行无菌操作，发菌培养期加强室内通风换气，并降低空气相对湿度。一旦在培养基内发现污染时，应把室内温度控制在 20～22℃，再用 70％～75％酒精注射患处，或用 pH8.5 的石灰上清液涂刷患处，控制扩散。

7. 放线菌特征与防治

羊肚菌制种时常出现放线菌危害菌种，引起菌种变质。放线菌主要有：湿链霉菌（*Str. humiaus*）、诺卡氏菌（*Nocardia* sp.）等，属于原核生物，竞争性杂菌之一。

（1）形态特征

放线菌的菌落呈放射状而得名。菌丝与细菌近似，要放大1000倍才能看到。常生长在培养基内或紧贴在培养基表面，纠缠在一起形成密集的圆形菌落，外表较干燥，坚实，光平或多皱。菌落周缘有辐射状的菌丝，颜色大部分呈黄、橙、红、紫、蓝、绿、灰褐、黑色，亦有无色的，且表面和背面的颜色不同，或有色素分泌于体外，使培养基着色。气生菌丝向空间长出，一般颜色较深，较粗，粉末状、颗粒状或有同心圆花纹，有的满盖整个菌落表面。气生菌丝发育到一定阶段，顶端形成孢子丝，产生孢子。孢子丝的形态多样，见图6-7。

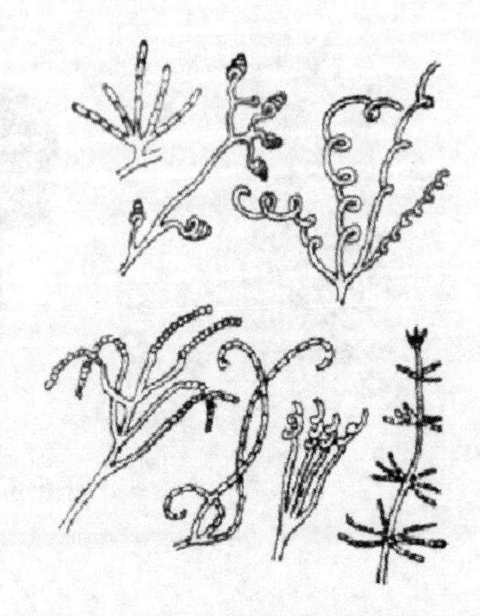

图6-7　放线菌各种孢子丝形态

（2）发生与危害

放线菌是无性方式繁殖，菌丝断裂片段即可繁殖成新的菌丝体。孢子形成的方式有凝聚分裂、横隔分裂和孢囊孢子3种。大部分的放线菌的孢子是凝聚分裂而成的，在温度28～32℃时孢子吸水膨胀，萌发成芽管，并伸长分枝，繁殖较快。放线菌孢子主要通过空气传播混入原料；常因配制培养基偏酸，料袋灭菌不彻底有利繁殖；或菌种本身带该菌所致。放线菌主要发生在菌种培养基内，争夺养分，破坏基质，使菌种发生质变。

（3）防治方法

放线菌应以防为主，净化环境：菌种室彻底消毒，床架刷漂白粉液，可拆卸的支撑材料应拆下洗刷或浸漂白粉液后晒干；地面撒石灰消毒处理；再用洁霉精 20 克兑水 40～50 千克配成溶液，喷洒栽培房空间及架床，杜绝病菌。原料使用前经烈日暴晒 1～2 天，麦麸要求新鲜无霉变，其他辅料要求优质。配料时以含水量不超 60％为好，防止偏酸。菌种选育过程不断提纯优化，提高种质。严格执行无菌操作接种，接种后每 2 天检查一次，发现放线菌侵染时，应立即淘汰烧埋，做好清残，并用漂白粉消毒。

8. 酵母菌特征与防治

酵母菌是单细胞的直核微生物，在工业、农业、食品加工等领域被广泛利用，但在菇菌生产中却是有害的。常见酵母菌有酵母属（*Saccharomyces*）和红酵母属（*Phodotorula*）。

（1）形态特征

酵母菌为单细胞，卵圆形、柠檬形，有些酵母菌与其子细胞连在一起形成链状假菌丝。酵母菌的菌落有光泽，边缘整齐，较细菌大、厚，颜色有红、黄、乳白等不同类别。酵母菌形态见图 6-8。

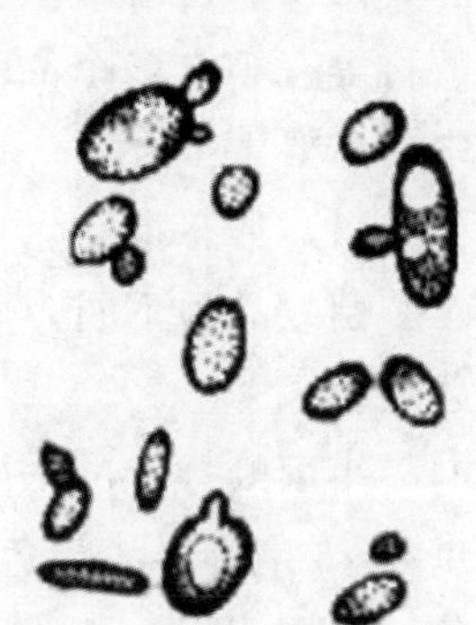

图 6-8　酵母菌形态

（2）发生与危害

酵母菌广泛分布于自然界，以无性繁殖为主，其母细胞以出芽形式长成一个细胞，即所谓芽殖。在空气和含糖类的基质及果园土壤中均可生存，并不断繁殖。培养基配制时，常因含水量偏高，拌料装袋时间拖延，基质偏酸，酵母菌极易侵袭；加之料袋灭菌不彻底，培养室适温，因此十分有利繁殖。受害后培养料变质，呈湿腐状，散发出酒糟气味；

菌种接入料中菌丝不萌发、不定植，造成栽培袋酸败。子实体被害后蒂头变红，最后腐烂。

（3）防治办法

首先把好原料关，特别是棉籽壳和麦麸要求无霉变。使用前将棉籽壳暴晒 24 小时，配制时拌料、装袋时间不超过 4 小时，因培养料加水及糖等有机物后，时间拖延极易引起变酸；料袋灭菌要求使潜存的酵母菌杀灭致死。

三、常见虫害与绿色防治措施

1. 菌蚊特征与防治

菌蚊，包括菌蚊科、眼蕈蚊科、瘿蚊科、蛾纳科、粪蚊科等有 100 多个品种，属于双翅目害虫，是羊肚菌生产中的主要害虫之一。

（1）形态特征

菌蚊品种不同，形态亦有差别，下面介绍常见的几种菌蚊。

小菌蚊（*sciophila* sp.）雄虫体长 4.5～5.4 毫米，雌虫 5～6 毫米，淡褐色，头深褐色；触角丝状，黄褐色到褐色；前翅发达，后翅退化成平衡棒棍。幼虫灰白色，长 10～13 毫米，头部骨化为黄色；眼及口器周围黑色，头的后缘有一条黑边。蛹乳白色，长 6 毫米左右。

真菌瘿蚊（*Mycophila fungicola*）又名嗜菇瘿蚊。成虫为微弱细小的昆虫，雌虫体长平均为 1.17 毫米，雄虫长 0.82 毫米。成虫头部、胸部背面深褐色，其他为灰褐色或橘红色。头小，复眼大、左右相连；触角细长念珠状 11 节，鞭节上有环毛。雄虫触角比雌虫长，翅宽大，有毛，透明，翅脉有3条纵脉和1条横脉；后翅退化为平衡棒；足细长，基节短、胫节无端距，腹部可见8节；雌虫腹部尖细，产卵器可伸缩，雄虫外生殖器发达，呈一对钳状抱器。

厉眼蕈蚊，又叫平菇厉眼蕈蚊（*Lycoriella pleuroti*）。成虫体长3～4毫米，暗褐色，头小，复眼很大，有毛；足细小，黄褐色，卵椭圆形，初乳白色，后渐透明，孵化前头部变黑。幼虫头黑色，胸及腹部乳白色，共12节，初孵长0.6毫米，老熟4.6～5.5毫米，无足，蛆形。蛹初化乳白色，后渐变淡黄至褐色，长2.9～3.1毫米。

折翅菌蚊（*Allactoneura* sp.）成虫体黑灰色，长5.0～6.5毫米，体表具黑毛。触角长1.6毫米，1～6节黄节，向端节逐渐变成深褐色。前翅发达，烟色，后翅退化成乳白色平衡棒。幼虫乳白色，长14～15毫米，头黑色，三角形。蛹灰褐色，长5.0～6.5毫米。

黄足蕈蚊又名菌蛆。成虫体型小，如米粒大，繁殖力强，一年发生数代，产卵后3天便可孵化成幼虫。幼虫似蝇蛆，比成虫长，全身白色或米黄色，仅头部黑色。

以上5种菌蚊形态见图6-9。

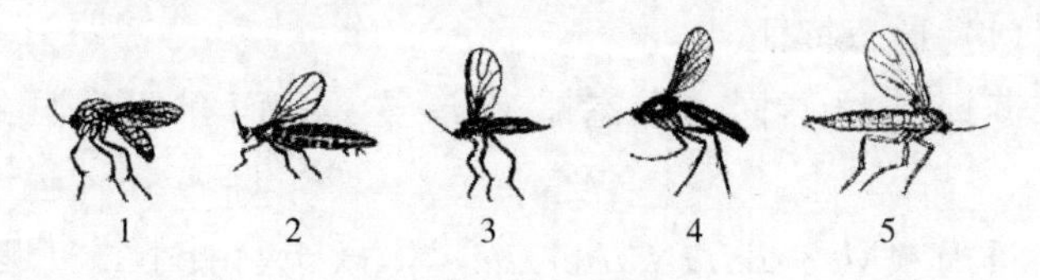

图6-9　菌蚊

1. 小菌蚊　2. 真菌瘿蚊　3. 厉眼蕈蚊　4. 折翅菌蚊　5. 黄足蕈蚊

（2）发生与危害

从菌蚊的栖息环境看，有的潜存在菇房内，有的潜存在产品仓库中。发生的原因多为周围环境杂草丛生，垃圾、菌渣乱堆，给害虫提供寄生繁衍条件；加之菇房防虫设施不全，虫害飞入无阻，给害虫生存繁殖提供再生的场所。菌蚊绝大部分是咬食子实体。而幼虫多潜入较湿的培养基内咬食菇类菌丝，并咬蚀原基，严重发生时菌丝全部被吃光或将子实体咬蚀干缩死亡。菌蚊侵入袋内生卵，4～5 天后卵变成线状虫，每条虫又可繁殖 8～20 条幼虫。幼虫钻入料内咬食菌丝，10～15 天后又化蛹，6～7 天后蛹变虫，有性繁殖世代周期 30 天左右，给生产带来严重危害。

（3）防治方法

注意菇房及周围的环境卫生，并撒石灰粉消毒处理，房棚内安装黑光灯诱杀，或在菇房灯光下放半脸盆 0.1%敌敌畏杀虫药液，也可以用除虫菊熬成浓液涂于木板上，挂在灯光附近，粘杀入侵菌蚊。发现被害子实体，应及时采摘，并清除残留，涂刷石灰水。

2. 菇蝇特征与防治

菇蝇包括蚤蝇科、果蝇科、扁足蝇科、寡脉蝇科，属于双翅目害虫之一。

（1）形态特征

菇蝇品种不同，形态略有差异，下面介绍常见蝇类特征。

蚤蝇（*Megaselia halterata*）体微小，头小，复眼大，单眼小；触角 3 节。胸部大，腹部侧扁，可见 8 节；足腿节扁宽，胫节多刺毛，头和体上也多生刚毛；翅多、宽大，翅脉前缘 3 条粗大，其余很微弱。幼虫体可见 12 节，体壁有小突起，后气门发达。蛹两端细，腹平而背面隆起，胸背有一对角。

果蝇，主要品种有：食菌大果蝇（*Drosophila immi-*

grans）、黑腹果蝇（*Drosophila melanogaster*）、布氏果蝇（*Drosophila busckii*）等。这里描述黑腹果蝇特点：成虫黄褐色，腹末有黑色环纹 5～7 节，复眼有红、白色变型。雄虫腹部末端纯而圆，颜色深，有黑色环纹 5 节；雌虫腹部末端尖、色浅，有黑环节 7 节。乳白色，长 0.5 毫米；背面前端有一对触丝。幼虫乳白色、蛆形，爬于菌袋或菇床上化蛹。最适温度 20～25℃，一年发生多代，每代 12～15 天。

厩腐蝇（*Muscina stabulans*）成虫体长 6～9 毫米，暗灰色。复眼褐色，下颚须橙色，触角芒长羽状，胸黑色。背板有 4 条黑色纵带，中间两条较明显。小盾片末端略带红色，前胸基腹片、胸侧板中央凹陷，无毛；前中侧片鬃常存在，中鬃发达。翅前缘刺很短，翅脉末端向前方略呈弧形弯曲，翅肩鳞及前缘基鳞黄色。后足腿节端半部腹面黄棕色。

扁足蝇（*Platypezidae*）虫体小型，黑色或灰色，具黑斑的蝇类。头大，有单眼，复眼很发达，触角芒很长，位于背面或末端。胸和腹部只有短毛而无刚毛，足胫节无端距，后足的跗节大而扁；翅发达，有轭瓣，翅脉均明显。

上述 4 种菇蝇，形态见图 6-10。

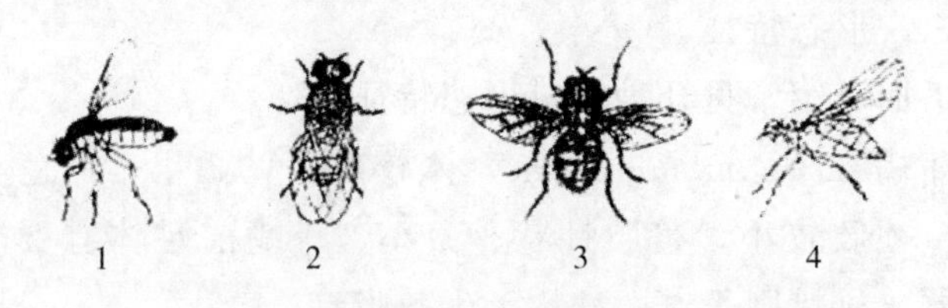

图 6-10　菇蝇

1. 蚤蝇　2. 果蝇　3. 厩腐蝇　4. 扁足蝇

(2) 发生与危害

通风不良湿度过大，常造成蝇类成虫产卵繁殖。蝇主要取幼菇，并从耳基入侵，咬食柔嫩组织。幼虫老熟后在菌袋化蛹，繁殖下一代。蝇类有明显趋向性，白天活动，还会携带大量病源菌孢子、线虫、螨类等，是病害的传播媒介，为害极大。

(3) 防治方法

做好消灭越冬虫源，彻底消除菇棚四周的腐败物质，经常用石灰消毒；搞好卫生，以防虫源入内。3月下旬至7月上旬成虫达高峰期，因此在防治上应以杀灭成虫为主。栽培房湿度不宜过高，进入子实体生长期时，房棚内悬挂黑光灯诱杀，将20瓦灯管横向装在培养架顶层上方60厘米处，在灯管正下方35厘米处放一个收集盘，内盛适量的0.1%敌百虫药液诱杀成虫。或用半夏、野大蒜、桃树叶和柏树叶捣烂，以1∶1加水浸渍，喷洒杀灭。

3. 害螨特征与防治

螨俗称菌虱，种类很多，在羊肚菌生产全过程中几乎都与螨有关。诸如培养料、菌种培养室，以及周围环境等都与螨关系密切。

(1) 形态特征

下面介绍常见几种害螨形态特征。

蒲螨（*Pygmephoroidea*）体较扁平，微小，白色至红棕色。须肢较小，螯肢针状、微小。雌螨前足体有2个假气门器，雄螨则无，两性均无生殖吸盘。

家食甜螨（*Glycyphagus domesticus*）雄螨体长0.31～0.4毫米，颚体有一条两端狭而中间宽的额片，并环绕顶内毛；体毛硬直，并呈辐射状，假气门刺叉状，具分支。雌螨稍大，体长 0.4～0.75 毫米，生殖孔延伸到第 3 基节窝后缘。

粉螨（*Acaridae*）体色淡而半透明，体较圆，颚体的须肢小而不明；躯体有一横勾分为前后两部，背毛多短小。雄螨有肛吸盘和附节吸盘。

兰氏布伦螨（*Brennandania lambi*）体椭圆形，黄白至红褐色，前足体背板有 1 对明显的刚毛，足 I 胫跗节端部无爪，大量发生时呈粉状。幼螨 6 足，体很小，无色透明，取食后即寻找菌丝多的地方不动，后半体逐渐隆起成半球形。几天后蜕皮变为成螨。每头雌螨产卵近百粒，卵无色，以珍珠般堆积在雌螨体末。

害长头螨（*Dolichocybe perniciosa*）雄螨体长 0.14 毫米，宽 0.8 毫米，微小白色，形状同未孕雌螨，但略小一些，背毛排列。未孕雌螨体长 0.17 毫米，宽 0.10 毫米，细小扁平。体白色，大量集聚时呈白色粉末状。前足体被毛 3 对，后半体背毛 7 对，毛很小。足 1 跗节端部 2 爪；足 3 棘节为三角形。上述 5 种害螨形态见图 6-11。

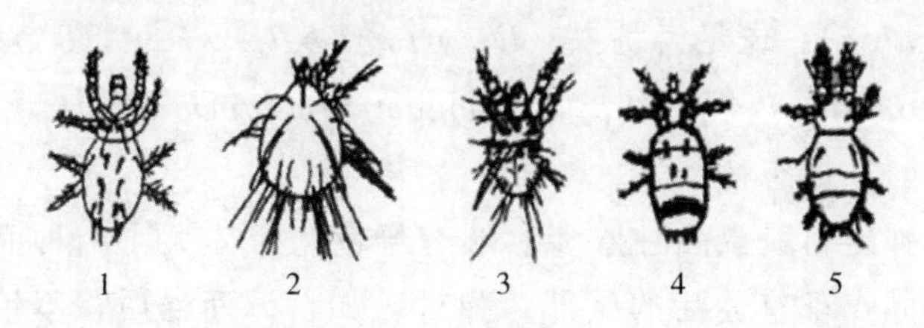

图 6-11　害螨

1. 蒲螨　2. 家食甜螨　3. 粉螨　4. 兰氏布伦螨　5. 害长头螨

（2）发生与危害

螨类主要来源于仓库、饲料间或鸡棚里的粗糠、棉籽壳、麦麸、米糠等，通过培养料、菌种和蝇类带入菇房。

蒲螨和粉螨繁殖均很快，在22℃下15天就可繁殖一代。螨类以吃菌丝为主，被害的菌丝不能萌发，使子实体久不出现，直至最后菌丝被吃光或死亡。菌种受螨害后菌丝首先被吃食而变得稀疏或退化。

(3) 防治方法

螨类难以根除。因螨虫小，又钻进培养基内，药效过后，它又会爬出来，不易彻底消灭。因此，只好以防为主，保持栽培场所周围清洁卫生，远离鸡、猪、仓库、饲料棚等地方。场地可用醋、茶籽饼粉、鲜烟叶等诱杀。在栽培环节中，原料必须新鲜无霉变，用前经过暴晒处理。培养室可提前1天用石灰上清液喷施，然后把室温调到20℃，关闭门窗，以杀死螨类。之后再通风换气，排除残余气味。

4. 跳虫特征与防治

跳虫，又名香灰虫、烟灰虫，属弹尾目，无翅低等小昆虫，是羊肚菌生产害虫之一。常见跳虫有以下几种：乳白色棘跳虫（*Onychiurus* sp.）、木耳盐长角跳虫（*Salina auriculae*）、斑足齿跳虫（*Dicyrtoma balicrura*）、等节跳虫（*Isotomidae*）、紫跳虫（*Hypogastrura communis*）。

(1) 形态特征

弹尾目跳虫品种繁多，形态颜色与个体大小因种而异，但共同点都有灵活的尾部，弹跳自如，体面油质，不怕水。跳虫的腹部的节数最多只有6节，第一节有一条腹管，第四、五节有一个分叉的跳器，第三节还有很小的握器，这就是跳虫的跳跃器官，也是主要特征。各种跳虫形态见图6-12。

(2) 发生及危害

跳虫多发生潮湿的老菇棚、阴暗处，高湿及25℃条件

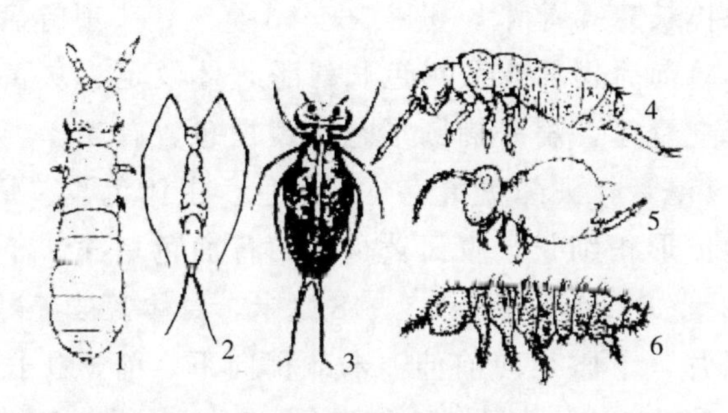

图 6-12　跳虫

1. 乳白色棘跳虫　2. 木耳盐长角跳虫　3. 斑足齿跳虫
4. 等节跳虫　5. 圆跳虫　6. 紫跳虫

适宜时，1 年可繁殖 6～7 代。常群集在野外菇棚内咬食羊肚菌子实体。

(3) 防治方法

及时排除菇棚四周水沟的积水，并撒石灰粉消毒，改善卫生条件。跳虫不耐高温，菌种或营养包、培养料灭菌彻底，是消灭虫源的主要措施。棚内四周可用生物制剂诱杀。

5. 菇蛾特征与防治

菇蛾为蝶属，鳞翅目害虫，有谷蛾、螟蛾、夜蛾等不同蛾科，数十个品种，这里介绍为害的几种蛾：谷蛾（*Nemapogongranella*），又名欧洲谷蛾；印度螟蛾（*Plodia interpunctella*）；麦蛾（*Sitotroga cerealella*），俗称飞蛾；粉斑螟蛾（*Ephestia cautella*）。

(1) 形态特征

蛾体翅覆盖鳞片，口器虹吸式，幼虫除 3 对胸足外，一般还有 5 对腹足，腹足端部生有趾钩，这是蛾体态共同点。而品种不同，翅膀、体态长短、大小、色彩各异。谷蛾成虫体长5～8毫米，翅展10～16毫米；头项有显著灰黄色毛丛；前后翅均有灰黑色长缘毛，体及足为灰黄色。卵长约0.3毫米，扁平椭圆形，淡黄白色，有光泽。幼虫体长7～9毫米，头部灰黄色至暗褐色，虫体色浅。蛹长6.5毫米，体形稍细长，腹面黄褐色，背面色稍深。印度螟蛾体长6.5～9毫米，翅展13～18毫米，身体密被灰褐色及红褐色鳞片，下唇须向前伸，末节稍向下。前翅狭长，基部2/5翅面灰白色，头部3/5红褐色；有3条铅灰色横纹，中横线内侧的横纹呈波形，外缘线内侧各有一条；后翅灰白色，缘毛暗灰色。4种菇蛾形态见图6-13。

图6-13　菇蛾

1. 谷蛾　2. 印度螟蛾　3. 麦蛾　4. 粉斑螟蛾

(2) 发生与为害

蛾及幼虫休眠越冬，以取食为害。成虫多在菇棚周围产卵，初孵幼虫钻入料中咬食菌丝体。

(3) 防治方法

防治蛾害主要措施。

控制虫源：野外菇棚注意环境卫生，清除周围杂草，杜绝虫源。

人工捕杀：成虫不喜光，多停在暗处，结合菌种袋或营养包翻堆时捕杀；及时捕捉初孵化的幼虫；预蛹前期2～3天老熟幼虫外出活动，应准确预测其活动盛期予以捉捕。

药剂防治：发现虫口密度较大时，每批菇采收后，菇房内可用克蛾宝2000～3000倍液，或用夜蛾净1500～2000

倍液喷洒，也可用5%锐劲特悬乳剂1500～2000倍液等低毒、低残留的药剂喷杀。

6. 线虫特征与防治

线虫（Nematodes）为蠕形小动物，属于无脊椎动物的线形动物门线虫纲。线虫大小与菌丝粗差不多。常见为害羊肚菌生产的线虫有：蘑菇菌丝线虫（*Ditylenchus myceliophagus*）、堆肥滑刃线虫（*Aphelenchoides composticola*）、木耳线虫（*Pelodera* sp.）等。

（1）形态特征

蘑菇菌丝线虫唇平滑，食道垫刃型，后食道球与肠分界明显。堆肥滑刃线虫体细长，两端稍尖，有唇瓣6片，食道滑刃型，吻叶细小。木耳线虫呈粉红色，体长1毫米左右，在室内繁殖很快，幼虫经2～3天就能发育成熟，并可再生幼虫，在14～20℃时，3～5天可完成一个生活期。线虫形态见图6-14。

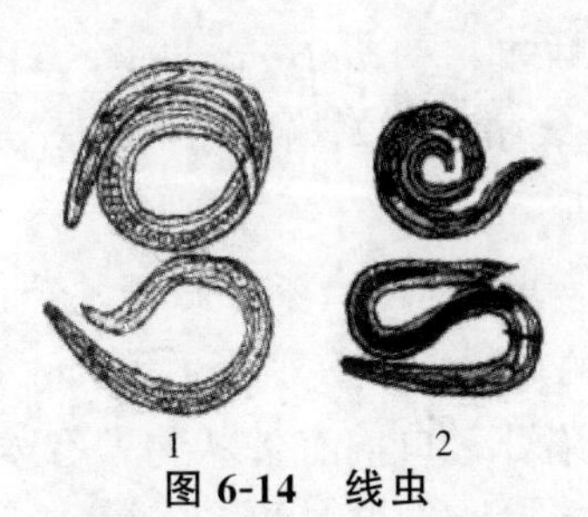

图6-14　线虫

1. 堆肥滑刃线虫　2. 木耳线虫

（2）发生与危害

线虫对菌丝香味有很强的趋向性，受其为害后的菌丝坏死，进而导致细菌及微生物感染而腐烂。线虫在培养料上移动速度慢，靠其本身不易进行远距离迁移，多是由培养料或旧培养架带虫感染，也由眼蕈蚊等双翅目害虫或螨类携带而转移。线虫在不良环境中可进入休眠，长期存活，常在梅雨、闷湿、不通风的情况下大量发生。线虫常以针口刺入菌丝内，吸食菌丝的细胞液，造成菌丝衰退，不出菇。线虫也会蛀食子实体并带进细菌，造成烂菇。

（3）防治方法

栽培前先对菇房和培养架及一切用具进行彻底消毒，不给线虫有存活的条件；培养基灭菌要彻底，水源应进行检测，对不清洁的水可加入适量明矾沉淀净化；栽培时喷水不宜过湿，经常通风并及时检查。发生线虫病时，将病区菌袋隔离；同时停止喷水，可用0.5％石灰水，或1％食盐水喷洒几次；长菇期可用1％冰醋酸或25％米醋等无公害溶液洒滴病斑，控制蔓延扩大。及时清除烂菇、废料。

7. 蛞蝓特征与防治

蛞蝓又名水蜒蚰、鼻涕虫，软体动物。为害羊肚菌生产的主要有：野蛞蝓（*Agriolimax agrestis*）、黄蛞蝓（*Limax flavus*）、双线嗜黏液蛞蝓（*Philomycus bilineatus*）。

（1）形态特征

野蛞蝓体长30～40米毫米，暗灰、黄白或灰红色，有2对触角，在右触角的后方有1个生殖孔；口位于头部腹面两个前触角的凹陷处，口内有齿状物；有外套膜遮盖体背，有体腺，分泌无色黏液。黄蛞蝓长120毫米，体裸露柔软，无外壳；深橘色或黄褐色，有零星黄色斑点；分泌黄色黏液，有触角2对。双线嗜黏液蛞蝓长35毫米左右，外套覆盖全体躯；体表灰白色或浅黄褐色，背部中央有一条黑色斑点组成的纵带；有触角2对，分泌乳白色黏液。上述3种蛞蝓形态见图6-15。

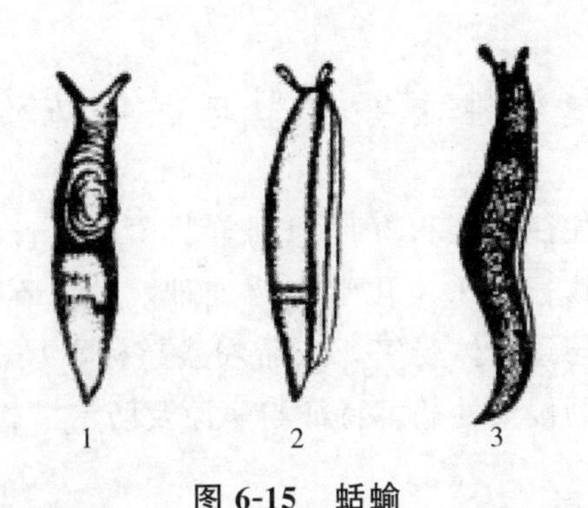

图 6-15　蛞蝓

1. 野蛞蝓　2. 黄蛞蝓　3. 双线嗜黏液蛞蝓

（2）发生与危害

蛞蝓白天潜伏，晚间、雨后及阴天成群活动取食。一年繁殖一次，卵产于菌袋接种穴内，每堆 10～20 粒。常生活在阴暗潮湿的草丛、落叶或土石块下。适宜温度为 15～25℃，高过 26℃或低于 14℃，活动能力下降。产卵适温比活动适温低，地温稳定在 9℃左右即可大量产卵，超过 25℃不能产卵。土壤湿度 75%左右，适于蛞蝓产卵及孵化。蛞蝓爬行所到之处会留下一道道白色发亮的黏质带痕及其排泄出的粪便。为害方式：菇体被咬成缺刻，伤害组织，咬后幼菇不能分化。有时伤害处也诱发感染霉菌和细菌。

（3）防治方法

搞好场地周围的卫生，清除杂草、枯枝落叶及石块，并撒一层石灰粉。或用茶籽饼 1 千克，清水 10 千克浸泡过滤后，再加清水 100 千克的溶液进行喷洒。夜间 10 时左右进行人工捕捉。发现为害后，每隔 1～2 天用 5%来苏尔喷洒蛞蝓活动场所。

四、侵染性病害类型与绿色防治技术

栽培者往往未能很好地识别羊肚菌侵染性病害的病态和病原，以致盲目采用化学农药处理，结果不但不能有效防治，反而导致菇体受害，产品农残超标，栽培效益欠佳。这里就常见的侵染性病害特征与病原及防治措施介绍如下。

1. 褐腐病

病态表现受害的子实体停止生长，菌盖、菌柄的组织和菌褶均变为褐色，最后腐烂发臭。病原菌为疣孢霉（*Mycogone perniciosa*），多发生于含水量多的菌袋上，在气温20℃时发病增多。病原菌主要是通过被污染的水或接触病菇的手、工具等传播，然后侵入子实体组织的细胞间隙中繁殖，引起发病。

防治措施：搞好菇棚消毒，培养基必须彻底灭菌处理；出菇期间保湿和补水用水要清洁，同时加强通风换气，避免长期处于高温高湿的环境；受害菇及时摘除、销毁，然后停止喷水，加大通风量，降低空间湿度；成菇及时采收，及时销售或加工处理。

2. 软腐病

受害的菌盖萎缩，菌褶、菌柄内空，弯曲软倒，最后枯死，僵缩。病原菌为茄腐镰孢霉（*F. solani*），侵蚀子实体组织形成一层灰白色霉状物，此为部分孢子梗及分生孢子。此病菌平时广泛分布在各种有机物上，空气中飘浮着分生孢子，在高温高湿条件下发病率高，侵染严重的造成歉收。

防治措施：原料暴晒，培养基配制时含水量不超 60%，装袋后，灭菌要彻底；接种选择午夜气温低时进行，严格无菌操作；菌袋开口诱基前，用 50%敌敌畏乳油 1000 倍喷洒杀菌；开口后控制 23～25℃适温，空间相对湿度 80%；幼菇阶段发病时，可喷洒 pH8 的石灰上清液，成菇期发生此病应提前采收，并用 5%石灰水浸泡，产品经清水洗后烘干。

3. 猝倒病

染病菇菌柄收缩干枯，不发育，凋萎，但不腐烂，使产量减少，品质降低。病原菌为腐皮镰孢霉。多因培养料质量欠佳，如棉籽壳、木屑、麦麸等原辅料结块霉变混入；装料灭菌时间拖长，导致基料酸败；料袋灭菌不彻底，病原菌潜藏培养基内，在气温超过 28℃时发作。

防治措施：优化基料，棉籽壳、麦麸等原辅料要求新鲜无结块、无霉变；装袋至上灶灭菌时间不超 6 小时，灭菌上 100℃后保持 16～20 小时；发菌培养防止高温烧菌，室内干燥，防潮、防阳光直射；菌袋适时开口增氧，促进原基顺利形成子实体。长菇温度掌握 23～28℃，相对湿度 85%～90%；一旦在子实体发育期发病应提前采收，并喷洒石灰上清液消毒。

4. 黑斑病

受害的子实体出现黑色斑点，在菌盖和菌柄上分布，菇体色泽明显反差。轻者影响产品外观，重者导致霉变。病原菌为头孢霉（*Cephalos porium* sp.），主要是通过空气、风、雨、雾进行传播；常因操作人员身手及工具接触感染；菇房温度在 25～30℃，通风不良，喷水过多，液态水淤积菇体过甚时，此病易发。

防治措施：保持菇房清洁卫生，通风良好，防止高温高湿；接种后适温养菌，加强通风，让菌丝正常发透；出菇阶段喷水掌握轻、勤、细的原则，每次喷水后要及时通风；幼菇阶段受害时，可用 pH8 石灰上清液喷洒；成菇发病应及时摘除，并挖掉周围被污染部位，并喷洒石灰上清液消毒。

5. 霉烂病

受害子实体出现发霉变黑，烂倒，闻有一股氨水臭味，传播较快，严重时导致整批霉烂歉收。病原菌为绿色木霉，侵蚀子实体表层，初期为粉白色，逐渐变绿色、墨黑色，直到糜烂、霉臭。多因料袋灭菌不彻底，病原菌潜伏基料内，导致长菇时发作，由菌丝体转移到子实体；同时由于菇房湿度偏高、通风不良引发蔓延，受害菇失去商品价值。

防治措施：彻底清理接种室、培养室及出菇棚周围环境。在菇棚周围约 30 米距离内，喷洒 400 倍多菌灵溶液，密闭 2 天后方可启用；料袋含水量不宜超 60%，并彻底消毒，不让病菌有潜藏余地；接种严格执行无菌操作，培养室严格消毒，杀灭潜存在室内的病原菌；发生病害后，将病袋移出焚烧或深埋。

6. 枯死病

常发生在原基出现后不久枯死，不能分化成子实体，影响一茬菇的收成。其病原为线虫蠕形小幼物。常因梅雨、闷湿、不通风的情况下发生，线虫以针口刺入菌丝内，吸食细胞液，造成菌丝衰退，不能提供养分水分供给原基生长与分化，以致枯死。有时也会直接咬幼菇，使子实体失去生长发育的能力而枯死。

防治措施：菇房及一切用具事先消毒，不给线虫有存活条件；培养料采取先集堆发酵后，再装袋灭菌；发菌培养注意控温，以不超过28℃为好。气温高时应及时进行疏袋散热，夜间门窗全开，整夜通风，使堆温、袋温降低，育好母体，增加抗逆力；适时开口增氧，促使菌丝正常新陈代谢，如期由营养生长转入生殖生长，出好菇；幼菇阶段喷水宜少宜勤，不可过量，防止积水；同时注意通风换气，创造适宜的环境条件。对已受害的菇体要及时摘除，并除去表层，停止喷水2天，让菌丝复壮，然后适量喷水，促进再长菇。

7. 空疮病

子实体形成期常出现被虫咬伤残，失去商品价值。病原主要虫害有小菌蚊、蚤蝇、紫跳虫。

这些虫害多因菇棚周围乱堆垃圾、杂草丛生，给虫害提供寄生繁衍场所；加之菇房防虫设施不全，虫害飞入无阻。

防治措施：做好菇房及周围的环境卫生，并用石灰消毒，堵绝虫源；菇棚安装60目纱网，阻止成虫飞入；并定期在网上喷植物制剂的除虫菊药液；房内安装黑光灯诱杀，或在棚内灯光下放半脸盆0.1% 7051杀虫素乳油；也可用黏胶涂于木板上，挂在灯光的附近，粘杀入侵虫害。

第七章
羊肚菌绿色栽培采收加工技术

一、掌握成熟标志适时采收

人工栽培羊肚菌的出菇时间，一般从覆土盖膜培养 50 天就可出菇，但还视栽培场地和培养基质，以及管理技术，出菇环境条件等有所差异。按照绿色规范化栽培技术规程操作，从子实体发生至采收，通常为 10 天左右，但气温偏低，子实体发生时间延迟，菇体发育相对缓慢，采收期也相应拖延。整个产菇期，可有 3 潮，其中头潮占总产量 30%，第二潮 40%，且品质最好。

1. 菇体成熟标志

羊肚菌子实体出土后 7～10 天就能成熟。一般长到七八成熟时采收。基本标志是整个子实体分化完整，子囊果的蜂窝状凹陷部分基本展开；顶部开始由深灰色变成浅灰色或褐黄或褐红色，品种不同颜色和场地光照度不同，颜色亦有差异。菌盖黑褐色饱满，盖面沟纹明显；菌柄抽长与菌盖相连，此时就要采摘。通常开采时间，均在上午 9～12 时。

2. 选择采集容器

采集羊肚菌应采用小箩筐或竹篮子装盛集中，并要轻采轻放轻取，保持菇体完整，防止互相挤压损坏，影响品质。特别是不宜采用麻袋、木桶、木箱等盛器，以免造成外观损伤或霉烂。采下的鲜菇要按菇体大小、朵形完整程度进行分类，然后分别装入塑料周转筐内，以便分等加工。

3. 讲究采收方法

羊肚菌子实体采收可用小刀齐土面割下，也可将子实体连同基部一起拔出。然后清除基部泥土，减少菇体间的碰触和损伤，保持菇体完整。采收后应及时清理料上和地面的菇根、萎死菇等残留物，并及时运出栽培场。清场后进行灭虫和消毒，确保环境卫生。

二、羊肚菌保鲜包装技术

1. MA 保鲜原理

现有羊肚菌产品主要是鲜销，因此保鲜工作要跟上。其次在盛产期，收获量超过鲜品需求量时，需要采用烘制成干品。

MA 贮藏保鲜法是在一定低温条件下，对鲜菇进行预冷，并采用透明塑料托盘，配合不结雾拉伸保鲜膜，进行分级小包装，简称 CA 分级包装。然后进入超市货架展销，改观购物环境，这在国内外超市极为流行。这种拉伸膜包装的原理，主要是利用菇体自身的呼吸和蒸发作用，来调节包装内的氧气和二氧化碳的含量，使菇体在一定销售期间，保持适宜的鲜度和膜上无“结霜”现象。近年来随着超市的风行，国内科研部门极力探索这种超市气调包装技术。

2. 保鲜包装材料

现有对外贸易上通用塑料袋真空包装及网袋包装外，多数采用托盘式的拉伸膜包装。托盘规格按鲜菇 100 克装用 15 厘米×2.5 厘米×3 厘米；200 克装用 15 厘米×11 厘米×3 厘米；300 克装用 15 厘米×11 厘米×4 厘米。拉伸保鲜膜宽 30 厘米，每筒膜长 500 米，厚度 10～15 微米。拉伸膜要求具有透气性好，有利于托盘内水蒸气的蒸发。目前常见塑料保鲜膜及包装制品有适于羊肚菌超市包装的密度 0.91～0.98 克/厘米^3 的低密度聚乙烯（LKPE）；还有热定型双向拉伸聚丙烯材料制成极薄（<15 微米）、防结雾的保鲜膜，这些薄膜有类似玻璃般的光泽和透明度。托盘聚苯乙烯（PS）材料，利用热成塑工艺，制成不同规格的托盘。

3. 套盘包装方法

按照超市需要的，区别羊肚菌子实体大小不同规格进行分级包装。包装机械采用托盘式薄膜拉伸裹包机械和袋装封口机械。包装台板的温度为高中低 3 档，以适应不同材料及厚度的保鲜膜包装使用。包装时将菇品按大小、长短分成同一规格标准定量，以鲜品 100 克量，排放于托盘上，要求外观优美，菇形整齐，色泽一致；然后用保鲜膜覆盖托盘上，并拉紧让其紧缩贴于菇体上即成。一个熟练女工每小时可包装 100 克量的成品 300～400 盒。

4. 商品货架保鲜期

羊肚菌鲜菇贮藏保鲜，在超市冷贮货柜上 0～4℃条件下贮藏，商品货架期可达 20～25 天。

三、羊肚菌脱水烘干技术

现有羊肚菌产品大部分以鲜品为主。因为产菇峰期常在春节前后，此时处于民间“四节”（圣诞、元旦、春节、元宵）时期。市场需求量大，此时产品十分畅销，供不应求。元宵过后，羊肚菌产量增加，鲜品市场容纳不下时，应采取脱水烘干，作为常年应市商品。鲜品烘干率为8∶1。

脱水烘干是加工的一个重要环节，我国现有加工均采取机械脱水烘干流水线，鲜菇一次进房烘干为成品，使朵形圆好，香味浓郁，品质提高。具体技术应按照NY/T1204—2006《食用菌热风脱水加工技术规程》。

羊肚菌鲜品脱水烘干技术如下。

1. 精选原料

采收时不可把鲜菇乱放，以免破坏朵形外观；同时鲜菇不可久置于24℃以上的环境中，以免引起酶促褐变，造成色泽变化；同时禁用泡水的鲜菇加工干品。根据市场客户的要求分类整理。

2. 装筛进房

把羊肚菌鲜菇按大小、长短分级，摊排于烘筛上，均匀排布；然后逐筛装进筛架上。装满架后，筛架通过轨道推进烘干室内，把门紧闭。若是小型的脱水机，则只要把整理好的鲜菇摊排于烘筛上，逐筛装进机内的分层架上，闭门即可。烘筛进房时，应把大的、湿的鲜菇排放于架中层；小菇、薄菇排于上层；质差的排于底层，并要摊稀。

3. 掌握温度

起烘的温度应以 35℃为宜，通常鲜菇进房前先开动脱水机，使热源输入烘干室内。烘干室内 35℃起，逐渐升温到 60℃左右结束，最高不超过 65℃。升温必须缓慢，如若过快或超过规定的标准要求，易造成菇体表面结壳，反而影响水分蒸发。

4. 排湿通风

鲜菇脱水时水分大量蒸发，要十分注意通风排湿。当烘干房内相对湿度达 70%时，就应开始通风排湿。如果人进入烘房时，骤然感到空气闷热潮湿，呼吸窘迫，即表明相对湿度已达 70%以上，此时应打开进气窗和排气窗进行通风排湿。干燥天和雨天气候不同，鲜菇进烘房后，要灵活掌握通气口和排气口的关闭度，使排湿通风合理，烘干的产品色泽正常，脱水过程的通风排湿技术要认真掌握好。

5. 干品水分测定

可用指甲顶压菇盖部位，若稍留指甲痕，说明干度已够。电热测定可称取菇样 10 克，置于 105℃电烘箱内，烘干 1.5 小时后，再移入干燥器内冷却 20 分钟后称重。样品减轻的重量，即为干品含水分的重量。

计算公式：

$$含水量（\%）=\frac{烘前样品重量-烘后样品重量}{烘前样品重量}\times 100$$

羊肚菌鲜菇脱水烘干后的实得率为 8∶1，即 8 千克鲜菇，实得干品 1 千克。但烘干不宜过度，否则易烤焦或破碎，影响质量。

四、羊肚菌干菇包装贮藏技术

羊肚菌干品吸潮力很强，经过脱水加工的干品，如果包装、贮藏条件不好，极易回潮，发生霉变及虫害，造成商品价值下降和经济损失。为此，必须把好贮藏保管和运输最后一关。

1. 检测

凡准备入仓贮藏保管的羊肚菌干菇，必须检测干度是否符合规定标准，干度不足一经贮藏会引起霉烂变质。如发现干度不足，进仓前还要置于脱水烘干机内，经过50～55℃烘干1～2小时，达标后再入库。

2. 包装

干菇出口包装应执行NY/T658—2002《绿色食品　包装通用准则》。鲜菇脱水烘干后，应立即装入双层塑料袋内，袋口缚紧，不让透气。包装前严格检查，所有包装品应干燥、清洁、无破裂、无虫蛀、无异味、无其他不卫生的夹杂物。按照出口要求规格，用透明塑料包装，用抽真空封口。外用瓦楞纸包装箱，纸箱材质应符合GB6543规定，箱体规格66厘米×44厘米×57厘米，箱内衬塑料薄膜。

包装标识应符合GB/T191和GB7718规定，内容包括产品名称、等级、规格、产品标准化、生产者、产地、净含量和生产日期等，字迹应清楚、完整、准确。外包装应牢固、干燥、清洁、无异味、无毒，便于装卸、仓储和运输。内包装材料卫生指标应符合GB9687和GB9688规定。

每批报验的羊肚菌其包装规格、单位净含量应一致。通过逐件称量抽样的样品，每件的净含量不应低于包装标识的净含量。

3. 贮藏

贮藏仓库强调专用，不能与有异味的、化学活性强的、有毒性的、易氧性的、返潮的商品混合贮藏。库房以设在阴凉干燥的楼上为宜，配有遮阴和降温设备。进仓前仓库必须进行1次清洗，晾干后消毒。用气雾消毒盒，每立方米3克进行气化消毒。库房内相对湿度不超过70%，可在房内放1～2袋石灰粉吸潮。库内温度以不超过25℃为好。度夏需转移至5℃左右保鲜库内保管，1～2年内色泽仍然不变。贮藏期间，常见虫害有谷蛾、锯谷盗、出尾虫、拟谷盗等。

预防办法：首先要搞好仓库清洁卫生工作，清理杂物、废料，定期通风、透光，贮藏前进行熏蒸消毒，消除虫源。同时要保持羊肚菌干燥，不受潮湿。定期检查，若发现受潮霉变或虫害等，应及时采取复烘干燥处理。

4. 运输

运输时轻装、轻卸，避免机械损伤。运输工具要清洁、卫生、无污物、无杂物。运输时防日晒、防雨淋，不可裸露运输。不得与有毒有害物品、鲜活动物混装混运，以保持产品的良好品质。

第八章

羊肚菌绿色产品等级标准化认证

一、羊肚菌产品属性划分

羊肚菌产品属性可作如下划分。

按生产季分为：春羊肚菌和秋羊肚菌。一般来说，春羊肚菌的肉质要比秋羊肚菌的要厚，而且香味更浓，所以质量也就相对更好。

按羊肚的品相可分为：尖顶羊肚菌、圆顶羊肚菌、灰黑色羊肚菌和白色羊肚菌。而尖顶灰黑色羊肚菌要比圆顶白色羊肚菌的香味更浓，质量更好。

按加工羊肚菌的工序分，可分为干品、冻品、鲜品。新鲜的和保鲜的羊肚菌鲜味浓些；烘干的羊肚菌，其香味更浓，而新鲜的和保鲜的羊肚菌必须冷藏。

羊肚菌的干品质量等级就比较多些，通常分为带泥脚、去泥脚、全剪柄等，一般剪柄的价格更高，质更好。

二、羊肚菌产品等级标准

羊肚菌目前仍是奇货可居的珍稀菇品，产品规格等级标准化还处于摸索阶段，尚未见有国家标准与行业标准的公布。这里介绍现行市场羊肚菌产品交易协商的等级标准如下。

1. 羊肚菌鲜品等级标准

羊肚菌鲜菇品分两个等级，即规格品和统货。

（1）规格品要求

朵形完整，无残缺破损，外裙肥厚；菌柄蒂头修剪；颜色符合本品自然色泽；含有羊肚菌固有香味；无异味，无霉烂变质。

（2）统货

不分菇体大小列为一种货品。其菌柄蒂头带泥部分剪掉；剔除霉烂菇、变质菇；不带其他杂质。羊肚菌蒂头修剪部位见图 8-1。

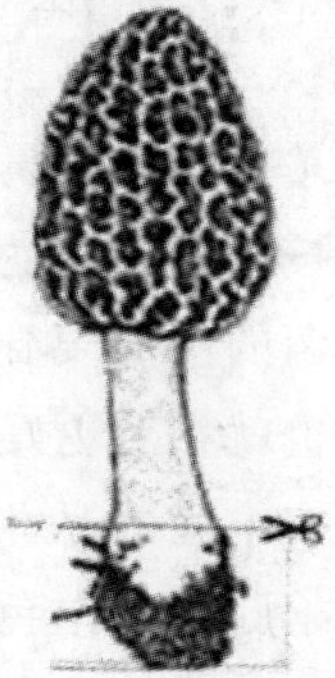

图 8-1　蒂头修剪部位

2. 干品等级标准

现有人工栽培的羊肚菌干品等级标准是按照市场交易商定。一般分一、二两级，其余的列入等外品。见表 8-1。

表 8-1　羊肚菌产品等级标准

级品	菇体形态	色泽	气味
一级	朵形完整、外裙肥厚、蒂头修剪、无破损	符合本品自然颜色，有光泽感	本品固有菇香、无烤焦味、无异味
二级	朵形完整、外裙常态、蒂头修剪，破损率≤5％	符合本品自然颜色，有光泽感	本品固有菇香、无烤焦味、无异味
等外	朵形残缺不全，剪蒂不规范，黏附泥杂	色泽不均，部分烤焦，色黑	香味欠佳、略显烤焦气味

三、羊肚菌绿色产品质量安全标准

目前尚未见有羊肚菌国家或行业标准的报道，现有应参照中华人民共和国国家标准 GB7096—2014《食品安全国家标准　食用菌及其制品》和农业部农业行业标准 NY/T749—2018《绿色食品　食用菌》中规定的污染物、农药残留、食品添加剂限量，见表 8-2。

表 8-2　绿色食品食用菌产品质量安全标准

毫克/千克

项目	指标	
	鲜品	干品
镉（以 Cd 计）	≤0.2	≤1.0
总砷（以 As 计）	≤0.5	≤1.0
铅（以 Pb 计）	≤1.0	≤2.0
总汞（以 Hg 计）	≤0.1	≤0.2
亚硫酸盐（以 SO_2 计）	≤10	≤50
马拉硫磷	≤0.03	
乐果	≤0.02	
溴氰菊酯	≤0.01	
氯氰氮酯	≤0.05	
多菌灵	≤1	
百菌清	≤0.01	

四、绿色产品认证程序

申请羊肚菌绿色食品认证，应提供以下材料：

①企业的申请报告。

②绿色食品标志使用申请书（一式两份）。

③企业及生产情况调查表。

④农业环境质量监测报告及农业环境质量现状评价报告。

⑤省级委托管理机构考察报告及企业情况调查表。

⑥产品执行标准。

⑦产品及产品原料种植（养殖）技术规程，加工技术规程。

⑧企业营业执照（复印件），商标注册（复印件）。

⑨企业质量管理手册。

⑩加工产品的现用包装样式及产品标签。

⑪原料购销合同（原件，购销发票复印件）。

绿色食品认证程序，见图 8-2。

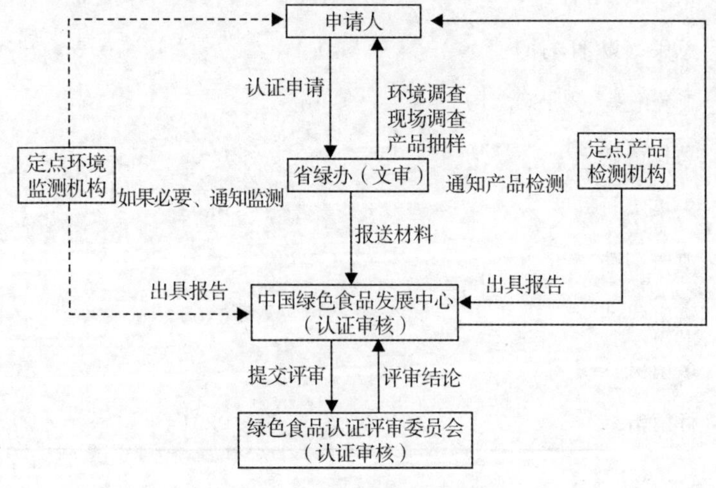

图 8-2　绿色食品认证程序

五、绿色产品标志与使用管理

1. 绿色产品标志图案

经过认证的绿色食品，由中国绿色食品发展中心发给统一的绿色食品标志。绿色食品标志由三部分构成，即上方的太阳、下方的叶片和中心的蓓蕾。标志为正圆形，意为保护。整个图形描绘了一幅明媚阳光照耀下的和谐生机，告诉人们绿色食品正是出自纯净、良好生态环境的安全无污染食品，能给人们带来蓬勃的生命力。绿色食品标志还提醒人们要保护环境。绿色食品标志图案通过改善人与环境的关系，而创造自然界新的和谐。绿色产品标志见图 8-3。绿色食品标志作为一种特定产品质量的证明商标，其商标专用权受《中华人民共和国商标法》保护。

图 8-3 绿色产品标志

2. 绿色产品标志使用

绿色食品的质量保证，涉及国家利益，也涉及消费者的利益，全社会都应该从这个利益出发，加强对绿色食品的质量及标志正确使用的监督、管理。根据农业部印发的《绿色食品标志管理办法》的规定，生产企业取得绿色食品标志使用权的产品，在使用绿色食品标志时，必须严格按照《绿色食品标志设计标准手册》的规范要求正确设计，并经中国绿色食品发展中心审定。使用绿色食品标志的单位和个人，须严格履行“绿色食品标志使用协议”。绿色食品产品出厂时，须印刷专门标签，其内容除必须符合NY/T749—2018《绿色食品　食用菌》标准外，还应标明主要原料产地的环境，产品的卫生及质量等主要指标。

3. 绿色产品标志管理

绿色食品标志是一种质量证明商标，使用时必须遵守《中华人民共和国商标法》的规定，一切假冒、伪造或使用与该标志近似的标志，均属违法行为，各级工商行政部门均有权依据有关法律和条例予以处罚。中国绿色食品发展中心是代表国家管理绿色食品事业发展的唯一权力机构，并依照《绿色食品标志管理办法》对标志的申请、资格审查、标志颁发及使用等进行全面管理。绿色食品发展中心在全国范围内设立的食品监测网及各地绿色食品办公室委托的环保机构形成的监测网，对绿色食品生态环境及产品质量进行技术性监督管理。

主要参考文献

[1] 黄年来，林志彬，陈国良，等. 中国食药用菌学 [M]. 上海：上海科学技术文献出版社，2010.

[2] 李玉，李泰辉，杨祝良，等. 中国大型菌物资源图鉴 [M]. 郑州：中原农民出版社，2015.

[3] 王波. 羊肚菌人工栽培新技术 [M]. 上海：上海科学技术文献出版社，2005.

[4] 贺新生. 羊肚菌生物学基础菌种分离制作与高产栽培技术 [M]. 北京：科学出版社，2017.

[5] 刘伟，张亚，何培新，等. 羊肚菌生物学与栽培技术 [M]. 长春：吉林科学技术出版社，2017.

[6] 丁湖广，彭彪. 名贵珍稀菇菌生产技术问答 [M]. 北京：金盾出版社，2011.

[7] 余养健，涂改临，黄贺. 食用菌绿色高效栽培10项关键技术 [M]. 北京：金盾出版社，2013.

[8] 丁文奇. 羊肚菌菌种分离与人工栽培 [J]. 中国食用菌，1983 (3).

[9] 朱斗锡. 羊肚菌人工栽培研究进展 [J]. 中国食用菌，2008，27 (4).

[10] 赵琪，黄韵婷，徐中志，等. 羊肚菌栽培研究现状 [J]. 云南农业大学学报，2009，24 (6).

[11] 赵琪，徐中志，程远辉，等. 尖顶羊肚菌仿生栽培技术 [J]. 西南农业学报，2009，22 (6).

[12] 王震，王春弘，魏银初，等. 适宜中原浅山丘陵地区的羊肚菌高产栽培技术 [J]. 食用菌，2015 (4).

[13] 索伟伟. 林下种植羊肚菌栽培技术 [J]. 现代园艺，2015 (18).

[14] 申浩. 金堂县羊肚菌发展的现状和前景 [J]. 食药用菌，2016，24 (3).

[15] 丁湖广. 名贵珍稀羊肚菌生物特性及栽培新技术 [J]. 科学种养，2016 (6).

[16] 谭方河. 羊肚菌人工栽培技术的历史、现状和前景 [J]. 食药用菌，2016，24 (3).

[17] 彭卫红，唐杰，何晓兰等. 四川羊肚菌人工栽培的现状分析 [J]. 食药用菌，2016，24 (3).

[18] 陈影，唐杰，彭卫红，等. 四川羊肚菌高效栽培模式与技术 [J]. 食药用菌，2016，24 (3).

[19] 我国羊肚菌人工栽培的路径问题——第三届四川（金堂）食用菌博览会专题讨论会内容纪要 [J]. 食药用菌，2016，24 (3).

[20] 王永斌. 组织分离法制作羊肚菌母种的关键环节 [J]. 北方园艺，2017 (8).

[21] 刘伟，张亚，蔡英丽. 我国羊肚菌产业发展的现状及趋势 [J]. 食药用菌，2017，25 (2).

[22] 中国羊肚菌产业大会专题报道 [J]. 食用菌市场，2017 (3).

[23] 赵永昌，柴红梅，陈卫民. 理性认识羊肚菌产业发展诸多问题 [J]. 食药用菌，2018，26 (3).

[24] 刘伟，蔡英丽，张亚，等. 我国羊肚菌人工栽培快速发展的关键技术解析 [J]. 食药用菌，2018，26 (3).

[25] 孙建国. 对我国羊肚菌产业化发展的现状及未来发展模式的探析 [J]. 食用菌市场，2018 (3).

一、羊肚菌栽培菇棚类型

连幢拱形大棚

温室大棚

智能大棚

光伏发电站下设大棚

二、整地播种覆土

机耕整地

挖沟建畦

穴播

沟播

播后覆土

罩膜养菌

三、外源营养袋摆放诱发原基

菌丝爬进营养包

畦床摆袋

袋间距离

菌丝吸收

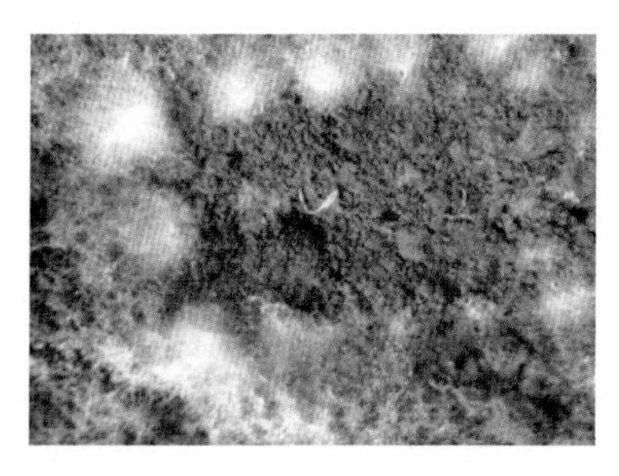

分生孢子露面

原基萌生

四、子实体生长发育

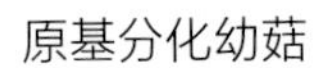

原基分化幼菇

观察长势

出菇场面

五、不同菌株表现

六妹菌株

梯凌菌株

六、菌种生产

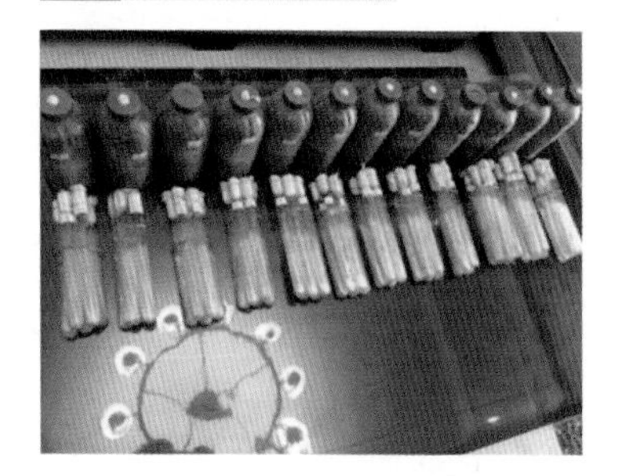

试管母种

培养基装料

灭菌

散热冷却

净化间接种

养菌

七、产品采收加工

采收

集中

鲜品

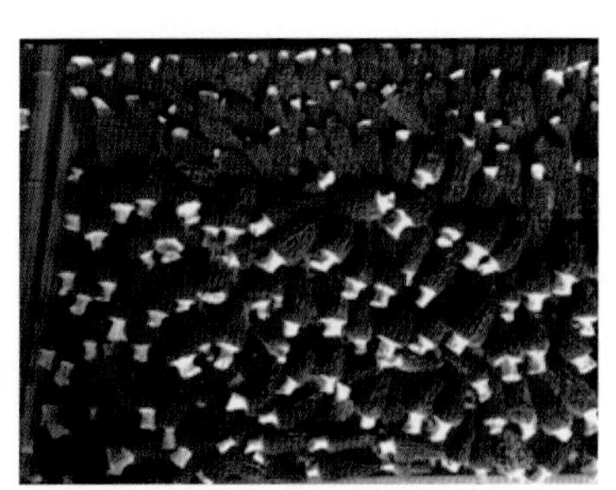

干品

成品包装

八、致力研发

作者杨千登、林冬梨近照

杨千登获“十佳青年菌业明星”

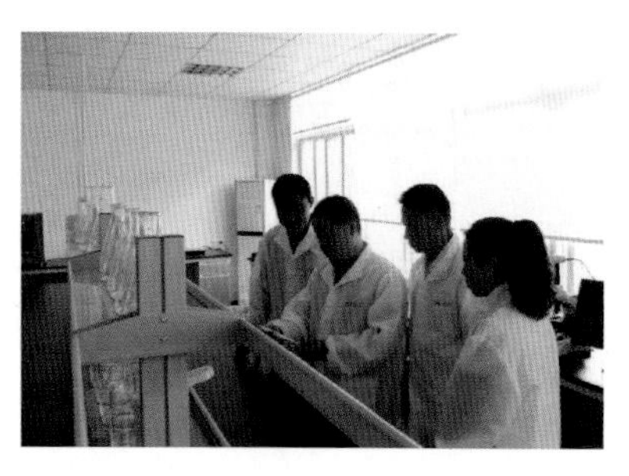

西南科技大学贺新生教授精心指导

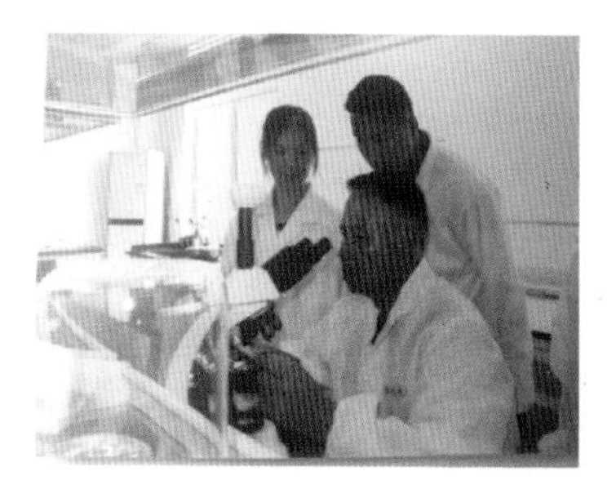

显微镜下求真知

赴安徽金寨考察开发论证